ザ・カリスマドッグトレーナー
シーザー・ミランの
犬と幸せに暮らす方法55

ザ・カリスマドッグトレーナー シーザー・ミランの犬と幸せに暮らす方法55

Cesar Millan's Short Guide to a Happy Dog

シーザー・ミラン

訳：
藤井留美

この本を世界中にいる私のファンに捧げる。
犬を飼うヒントを広く伝えられるのも、彼らの支えがあればこそだ。
〈ザ・カリスマドッグトレーナー～犬の気持ち、わかります～〉を応援してくれる
心の広いファンのみんなと、出演してくれた犬たちに感謝する。

この本はタヒラ・ダーとカルバン・ミランにも捧げたい。
世界中どこに行くにも二人がいっしょだ。
きみたちがいて初めて私の群れ《パック》は完成する。

ほんとうにありがとう。

もくじ

Contents

2 犬のおきて五か条 040

3 バランスの取れた犬になるための九つの原理 064

4 パック・リーダーのための実用テクニック五つ 096

5 問題行動はこう対処する——一〇の実践例 122

はじめに

柔らかい砂にかかとがめりこむ。思わず踏んばると、生乾きのセメントに足を入れたみたいに砂の靴型ができあがった。気温は四〇度以上ある。暑くて不快で、身体を動かすのもおっくうだ。

米国側から国境をはさんだメキシコを眺める。いつのまにか米国暮らしのほうが長くなった。メキシコのティフアナから不法に国境を越え、サンディエゴの南にあるカリフォルニア州サン・イシドロに入ったのは一九九〇年一二月二三日。僕が二〇歳のときだった。それからもう二二年になる。

当時の国境は、今とは大違いだった。フェンスはほとんどなかったし、国境警備隊

の数もずっと少なかった。その先の砂漠は、無限に続いているように思えた。あれから僕の境遇は大きく変わったけれど、越境してから無事にサンディエゴ入りするまでの二週間、ひとりぼっちでさまよった砂漠や渓谷はあのころのままだ。乾ききった空気の匂いや、捕まらないよう岩陰や茂みに身をひそめた不毛の大地の感触がよみがえる。あの孤独感は一生忘れられないし、現場に立つと記憶がより鮮明になった。荒涼とした風景を眺めながら、僕は自分に問いかける――なぜおまえは国境を越えたんだ？　それは、米国でドッグトレーナーになりたいという明快な夢があったから。そのときは夢だったけれど、今は現実だ。この旅行は、僕にとって仕上げの旅だ。

二〇一二年九月一三日、僕はサン・イシドロを訪れた。不法に国境を越えたまさにその場所だ。でも今の僕は、恐怖におののく孤独な移民ではない。夢を実現した人間だ。僕の半生をドキュメンタリー番組にするナショナル ジオグラフィック テレビジョンの撮影スタッフのほか、フォトグラファー、それにプロダクション・マネジャーのアレグラ・ピケットも同行している。現地に行くのも、砂漠をふらふらと歩き続けるのではなく、エアコンの効いたＳＵＶだった。僕の人生がテレビドキュメンタリーになって放送されるなんて信じられない。申し訳ないような、恥ずかしいような気持ちだ。

カメラが回り始めると、見物人の輪ができた。みんな僕のことを知っているらしく、「エル・エンカンタドール・デ・ペロス」という声が聞こえた。スペイン語で「犬に魔法をかける人」という意味で、メキシコではドッグ・ウィスパラーのことをそう呼ぶのだ。撮影が一段落すると、僕は見物人に話しかけ、サインに応じた。テレビ番組〈ザ・カリスマ ドッグトレーナー〉は世界一〇〇カ国以上で放映されているとあって、年齢も出身もさまざまな人たちだ。カナダから来た六〇代半ばの老婦人は、〈ザ・カリスマ ドッグトレーナー〉全一六七話を全部見たと話してくれた。シアトルの家族連れもいたし、犬の心をつかむコツを子育てのヒントにしたというアルゼンチン人の紳士もいた。二〇一〇年三月にロンドンで開いた「シーザー・ミラン・ライブ」に来てくれたというイギリス人一家にも声をかけられた。

国境で番組のファンに囲まれながら、僕は大切なことに気づいた。メキシコで生まれて育ち、二〇〇九年に米国市民になった僕だけれど、国境も領土も、言語の違いも大した問題じゃない。国に関係なく犬を愛する人たちのグローバルなコミュニティが、僕の居場所なのだから。コミュニティにいるすべての人と、すべての犬……それが丸

▲2012年、カリフォルニア州サン・イシドロ近郊の国境にて。ここからすべてが始まった。

ごと僕の群《パック》れだ。犬のいる生活を楽しんでいる人は世界に一〇億人いて、飼われている犬は四億頭以上になる。そんな巨大なコミュニティで、僕が果たすべき役割はパック・リーダーだ。

パック・リーダーは大変な栄誉だが、仲間を守り、指導する責任がある。僕のところにやってくるのは、飼い犬に頭を悩ませる人たちばかりだ。九シーズンにわたる〈ザ・カリスマ ドッグトレーナー～犬の気持ち、わかります～〉は、犬種に関係なく、さまざまな犬の困った行動を直すテクニックを紹介する番組だった。そこで飼い主の誤った対応をたくさん見た僕は、今こそパック・リーダーの役割が最も大切だと考えて、新番組〈ザ・カリスマ ドッグトレーナー～犬の里親さがします～〉を始めることにした。

〈犬の気持ち〉が犬のリハビリだとしたら、〈犬の里親〉は犬のレスキューだ。捨てられた犬が二度目のチャンスを与えられ、自信を取り戻して、相性の良い家庭にもらわれていく。番組に登場した犬の多くにとって、これが最後のチャンスだった。そんな犬たちに新しい家族を見つけてやり、受け入れる家族には犬を世話する正しい方法を学んでもらうのが、パック・リーダーの役目だ。ドッグ・ウィスパラーになれる人間は世界にそれほど多くはないけれど、パック・リーダーにはどんな人でもなれる。

パック・リーダーになるためのガイドブックを書こうと思い立ったのも、そんな背景があったからだ。二二年間の経験から得た知識をもとに、犬の心理を理解し、正しく導くためのコツをわかりやすく一冊にまとめてみた。

犬は人間ではない。あくまで犬だ。そのことを踏まえながら、犬への理解を深めるにはどうすればいいかをこの本で説明していきたい。

人間は長い時間をかけて犬の品種改良を積み重ね、人間の伴侶となるにふさわしい性質をつくりだしてきた。まずはその歴史を振り返る。そこから犬の行動と思考を支配する「おきて」を探っていこう。第三章では、健康でバランスの取れた幸福な犬を育てるためのヒントを九つの原理にまとめて紹介する。この原理は、僕が自分のパックを率いたり、犬たちのリハビリを実践したりしながら見いだしたものだ。さらに、ぴったりの犬と出会う方法や、生活の大きな変化に適応させる工夫、困った行動を直すテクニックも紹介する。必要なときにいつでも参照できるように、具体的な問題点をひとつずつ取り上げて解説している。

▲ 僕の右腕、ジュニアからは多くのことを教わった。

この本の締めくくりでは、犬だけでなく人間にも光を当てたいと思う。犬という伴侶を得て、それまでの生き方が揺さぶられ、人生が大きく変わった人々のエピソードを語っていこう。また「犬のおきて」「九つの原理」「パック・リーダー・テクニック」を実生活に応用して、めざましい成果をあげた人々もいる。ダイエットを競うバラエティ番組〈ザ・ビッゲスト・ルーザー〉で、スパルタトレーナーとして人気を博したジリアン・マイケルズもそのひとりだ。

言うまでもなく、この本にはたくさんの犬たちが登場する……強迫観念にとりつかれた犬、攻撃的な犬……自分を人間だと思い込むあまり不安定になってしまい、飼い主に見捨てられたり、ケージに閉じ込められたりした犬もいる——問題の原因は飼い主にあるのに。そんな犬たちがふたたび心の安定を取り戻し、すてきな家族に迎えられた話もぜひ読んでほしい。

この本は、犬の心と頭脳を探る旅だ。犬の精神がどんな風に働くか、私たち人間のエネルギーが犬の行動をいかに左右するかを理解すれば、あなたもきっと良きパック・リーダーになれる。

そうすれば、あなた自身の人生でバランスが悪いところはどこか、どうすれば自分の大切なパックを幸せにすることができるか見えてくるだろう。

あなたの愛犬だけでなく、愛する家族、大切なコミュニティとの関係を、今よりもっと豊かで良いものにするために、どうかこの本を役立ててほしい。

読者のみなさんへ

この本を読み進めるにあたっては、まず先入観を捨ててほしい。僕の使う言葉が、一部の人を不快にさせていることは知っている。なかでも評判が悪いのは、「支配」と「コントロール」の二つだが、それは言葉を否定的にしかとらえていないからだ。「支配」と「コントロール」は、僕にとって中立というよりむしろ肯定的で、必要なことでもある。その理由をこれから説明しよう。

「支配」「コントロール」という言葉を使うと、どういう意味ですかとよくたずねられる。たしかにこの二つはマイナスの印象を与える。「支配」と聞くと、敵を征服したり、圧倒したりする感じだし、「相手をコントロールしたがる」妻や夫、上司はい

やがられる。

けれども、僕がこれらの言葉に込める意味はそういうことではない。「支配」を意味する英語のdominanceは、ラテン語で「領主」を意味するdominusが語源だ。英語ならマスター、スペイン語ではマエストロになる。マエストロと聞いて連想するのはオーケストラの指揮者だが、たしかにdominanceのニュアンスは、指揮者を思い浮かべるとわかりやすい。群れを支配する犬と指揮者は、どちらも「指示を出す」ことが共通している。

誤解されやすいもうひとつの言葉は「コントロール」だ。この本でいうコントロールとは、自分以外の誰かの行動を始めさせたり、変更したり、止めさせたりすること。生徒がテストを受けるとき、始まりと終わりは教師の指示に従うし、事故現場に交通整理の警官が出ていれば、通る車はその指示どおりに迂回《うかい》する。これがコントロールだ。犬と人間の関係では、行動をいつ開始し、変更し、停止するかは人間が決める。それを犬が決めるのは、コントロールができていない状態だ。パック・リーダーは、つねにコントロールする側でなくてはならない。

散歩をしていて、犬が飼い主より前を歩き始めたら、方向を変えてコントロールする。犬が意に染まない行動をしたら、すぐにやめさせる。こちらが望む行動をおとなしく従順な態度で実行するまで、犬の望むもの――散歩、食べ物、水、愛情表現――を与えない。犬がやりたがっていることは、かならず飼い主が許可してから始めさせる。勝手に動くことは許されない。

「支配」と「コントロール」を正しく理解して実践することは、パック・リーダーの条件だと僕は確信している。読者のみなさんも、ぜひこの考え方になじんでほしい。

言葉を読んで理解することは、本来は理性的な作業だ。けれども、言葉がマイナスの感情を呼びおこし、心がざわついて正しい理解に至らないこともある。この本を読むときは、ぜひとも自分の気持ちに注意を払ってほしい。いやな気分になる言葉にぶつかったら、そこにアンダーラインを引いて、なぜそうなるのか考えてみてほしい。

たとえば「支配」と「コントロール」。あなたはこの二つの言葉を、どんな意味でとらえているだろう？　これらの言葉を目にすると、前向きな気持ちになる？　それともいやな気持ちになる？　ほかの言葉で言い換えることで、すんなり受け入れることはできる？　たとえば「暑い」と聞くと、太陽が照りつける夏の砂漠を思いうかべてうんざりするけれど、「暖かい」と言い換えれば、暖炉の前でくつろぐクリスマスパーティの光景が浮かんでこないだろうか？

犬にとって言葉は何の意味も持たない。名前を呼ばれても、彼らが感じるのは声の調子や抑揚だけ。音のエネルギーをそのまま受け止めているのだ。犬がいちばん素直になれるのは、人間が静かに、でも毅然《きぜん》とした対応をするときだ。そのためには、まず私たちが自らの感情をコントロールしなくてはならない。疑いや恐怖、不安はエネルギーの落ちた状態なので、そうならないよう気をつける必要がある。特定の言葉がスイッチになるときは、その理由を分析し、よけいな含《ふく》みを消したり、感情が揺さぶられない中立の言葉に置き換えたりしよう。

知識は恐怖を消してくれる。この本にはそんな知識がたくさん詰まっている。心の静けさを得られるかどうかはあなたしだいだが、偏見を抜きにしてこの本を読めば、ざわつく心が静けさを取り戻し、愛犬をバランスの取れた犬にする方法を直感的に理解できるだろう。

① 犬は何をどう感じているのか——五つのヒント

愛犬との幸せな生活をめざす旅は、犬の目で世界を眺めることから始めよう。犬は視覚よりも嗅覚が鋭いから、世界を「嗅《か》ぐ」と言ったほうがいいかもしれない。ともあれ、犬の心理を理解し、受けとめてみることが第一歩だ。

あなたをじっと見つめる犬は、いったい何を考えているのだろう？「お座り」「静かに」「カウチからおりなさい」といった命令をすると、バランスの取れた犬ならすぐに言われたとおりにする。そのとき犬の脳内ではどんなことが起きているのか？犬の脳は外界の情報を集め、それをもとに何をするべきか指示を出し、飼い主である人間を喜ばせる方法を見つけようとする。

犬は人間を喜ばせたくてたまらない。人間が、自分のほとんどの要求を満たしてくれる大切な存在であることを本能的に知っている。犬は人間を喜ばせることなら何でもやろうとするし、脳の仕組みがそうなっている。

犬は順応性がとても高く、人間を喜ばせたいという強い衝動を持っている。だからこそ犬はペットとして愛され、忠実に務めを果たすことができるのだが、そんな性質はときに諸刃の剣となる。たとえば、わがままな子どものようにふるまうことを求められると、犬は本能に逆らってでもそれに応じようとして、バランスを崩してしまう。

あなたの愛犬が健康で、幸福で、バランスの取れた犬として生きるには、パック・リーダーとして何をしてやる必要があるのか。それを知るために、まず犬の脳を理解するところから始めよう。

犬の脳はこうなっている

脳は大量のエネルギーを消費する器官だ。犬の脳は平均して体重の〇・五パーセントほどしかないが、心臓から送り出される血液の二〇パーセント以上が脳に集まる。

脳は感覚器官から上がってきた情報や信号をすべて吟味《ぎんみ》し、それに基づいて行動を決定する。外からの情報に対してどんな反応をするかは、遺伝子の構成であらかじめ決まっている。けれども、同じ刺激に対してかならず同じ反応をするとはかぎらない。

犬の脳もほかの哺乳動物の脳と大きな違いはない。学習、情動、行動を管理するのは大脳。筋肉を制御するのは小脳。脳幹は末梢《まっしょう》神経系とつながっている。

[犬の脳]

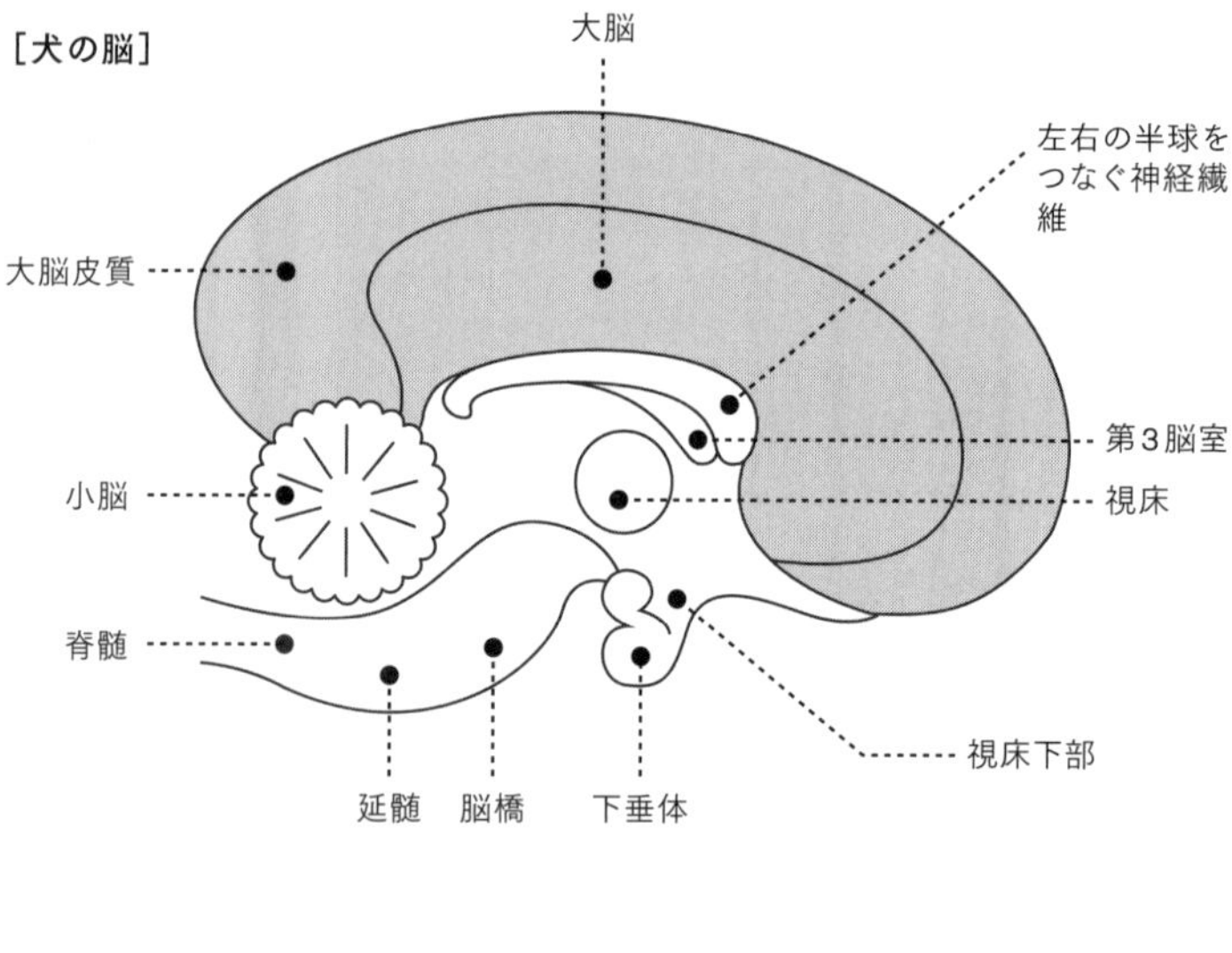

さらに記憶全般をコントロールする大脳辺縁系もある。犬はこの大脳辺縁系を通じて、周囲の世界と自分との関係を理解するが、そこに情報を提供するのが嗅覚や聴覚、視覚、触覚、味覚といった感覚だ。

本能が勝つか、訓練が勝つか

犬が「本能的に」やりたいことと、私たちが犬にさせたいことは、ときおり衝突する。そんなとき、大脳辺縁系ではどちらを選ぶかという綱引きが始まる。

犬の訓練は、大脳辺縁系のやりたい放題を阻止することが基本だ。人間の言うことを聞いて、本能的な衝動をやり過ごすことができればごほうびを与え、本能に振り回されたときは叱《しか》る。

ほめて学習させるか、叱って学習させるか。どちらに重点を置くかで犬のトレーニング法は大きく二つに分かれるが、飼い主と犬にも向き不向きがあるので、自分たちにいちばん合う方法を選んでほしい。僕が実際にリハビリを行なうときは、決まった手順にはこだわらず、その犬に合わせていろんなやり方を組み合わせている。

トレーニングとは、テクニックを応用することだ。ドッグ・サイコロジー・センター（ＤＰＣ）では、音で指示するクリッカー・トレーニングやごほうびトレーニングなど、多くのドッグ・トレーナーが実践しているテクニックを指導している。僕がクリッカーを使わないことがいろいろ言われているけれど、訓練のときに発する「チッ！」という音がクリッカーと同じ役目を果たしている。犬に覚えさせたい行動とこの音を関連づけるのだ。犬がおびえているときは、リハビリ前におやつを与えて緊張をほぐすこともある。

ドッグ・サイコロジー・センターのクラスでは、どのテクニックが最善かトレーナーたちのあいだで議論になることがある。意見を求められたら、かならず基本に立ち返って考える。その犬のニーズを知ること。その犬の性質を健全な行動に誘導すること。明確で一貫性のあるリーダーシップを示すこと。

おやつやクリッカーを使うかどうかは、問題ではない。自然で望ましい行動を引き出すことができればそれでいいのだ。

本能にさからうことはしない

犬が抱える問題の多くは、大脳辺縁系の働きを人間が無理やり押さえつけていることが原因だ。犬が本来持っているエネルギーと本能をうまく引き出して、人間にも犬にも望ましい行動へと導けるかどうか。それがトレーニング成功の鍵となる。押さえつけるのではなく、方向を変えてやることが鉄則だ。犬種ごとの特長や能力を伸ばし、方向づけをして健全な行動を定着させる——僕自身がつねに心がけていることだ。

たとえば、シュナウザーが庭を掘り返して困るという相談をよく受ける。シュナウザーという名前は、ドイツ語で「鼻づら」を意味するシュナウツェから来ている。ドイツの農家で、納屋に出るネズミを捕ったり、家畜番をするために昔から飼われてきただけに、嗅覚がことのほか鋭い。鼻で地面を掘り返すのは一種の運動であり、エネルギーを発散する本能的な行動だ。だから穴掘りをやめさせるのではなく、「ここでなら好きなだけ地面に鼻を突っ込んでいい」という場所をつくってやったほうがいい。

ドッグ・サイコロジー・センターには、犬たちが本能を思う存分発揮できる場所がいくつも用意されている。プールは、水鳥用の猟犬として品種改良された犬が泳ぐためのもの。牧羊犬として仕事ができるように、羊の群れを放した囲いもある。

地元の保護団体から連れてこられたジンジャーという犬がいた。神経質で興奮しやすい性格のせいで、飼い主が手放したのだ。ジンジャーは不安ではちきれんばかりで、このままでは里親も見つからない。ところが羊の囲いに入れてみたところ、たった一〇分で羊の群れを手なずけたのだ。本能が充分に満たされたジンジャーは、穏やかで従順になった。ドッグ・サイコロジー・センターで羊の誘導を実演するときは、今もかならずジンジャーが登場する。羊の群れを扱わせたら、ジンジャーの右に出る犬はいない。

ドッグ・サイコロジー・センターで牧羊技術のトレーナーをしているジャンナ・ダンカンによると、「牧畜本能を持つ犬種はたくさんある」という。「牧畜犬の〝仕事〟をすることで生きがいを感じるんです。そして自信が芽ばえ、不安や攻撃性が消えていきます」ジャンナは、ルナという生後わずか五カ月の子犬を羊の群れに放り込んだことがある。ルナはものの数分で羊たちを集め、移動させた。〝仕事〟を終えて戻ってきたルナはどこか誇らしげで、飼い主一家の足元に静かに座った。

▼犬の牧羊本能が抑制されると……

精神状態＝不安定になり、いらいらする。

行動＝ほかのペットや人間の行動を仕切ろうとする。人間のかかとに噛みついたり、飛びかかったりする。

解決策＝フライボールやフリスビー、アジリティなどのドッグスポーツでエネルギーを発散させる。

向いている犬種＝コーギー、シェパード、ベルジアン・マリノア、ボーダー・コリー、ブリアール、ジャーマン・シェパード、シープドッグ、スウェディッシュ・ヴァルフント。

注意したいのは、犬種によっては本能にブレーキをかける必要があることだ。ロットワイラーやピットブルは、もともと狩猟や警備に使われていたぐらい強くて獰猛《どうもう》な犬なので、生まれつきの性質をそのまま伸ばすと危険な事態になりかねない。そんなときは、彼らの本能を別の方向に誘導する方法を考える。僕はジュニアとよく綱引きをする。強い狩猟本能とありあまるエネルギーを、ゲームの形で発散させるのだ。

犬の大脳辺縁系を縛りつけ、本来の性質を無理やり押さえつけると、深刻な問題が起きることがある。ジンジャーが典型的な例だ。けれども飼育環境によっては、羊の群れを追ったり、湖を泳いだり、穴を掘ったりといった本能的な行動をさせてやれないことも多い。そんなときは、せめてたっぷり運動させてやること。たまったエネルギーを吐き出し、五感を充分に発揮できていれば、困った行動は減ってくるはずだ。

犬が覚えていること

犬の脳について基本的なことを理解したところで、犬の記憶にも目を向けてみよう。犬は「この瞬間を生きている」動物だ。犬が時間をどうとらえ、過去のできごとをどんな風に思い出すのかという研究はほとんどされていない。二二年間に何千頭もの犬と接してきた僕自身の経験からすると、犬は頭の中で時間をさかのぼったり、未来のことを考えたりはできないようだ。人間は過去の記憶を呼び起こしたり、これから起こることを予想したりできる。それはすばらしい能力だが、代償もともなう。不安、恐怖、後悔、罪悪感といった感情がついてくるのだ。

犬はこの瞬間だけを生きていて、記憶はせいぜい二〇秒しかもたない。そう話すと、たいていの人はけげんそうな顔をする。うちの犬は、投げたボールを取りに行き、くわえて戻ってきて足元に置く。訓練したことを覚えているのだと反論されることもある。けれども犬は、習ったことを思い出しているわけではない。

犬は、命令にどう反応し、どうすれば人間が喜ぶかを学習する。「取ってこい」という命令を学んだときのことはとっくに忘れている。それはよく晴れた春の日だったかもしれないが、覚えているのは飼い主だけだ。

犬は人や場所を連想で記憶する。連想は良いものだけとはかぎらない。獣医のところに車で連れていかれ、つらい目にあった犬は、ドライブをいやがるようになる。これを直すには、車で公園に遊びに出かけるなどして、楽しい連想に置き換えてやる必要がある。ただし連想が強いと、置き換えは簡単にできない。

トラウマを抱えた犬は、かならず悪い連想を持っている。それを見つけだし、楽しい連想で上書きするのは時間と忍耐が求められる作業だ。たとえば戦場を体験した軍用犬。彼らにはここが戦場かどうかわからないし、戦争が終わったかどうかも知らな

▲自分が犬であることを思い出したギャビンは、大きな音を怖がらなくなった。

い。戦場では休む間もなく働き、大音量の爆音といった悪い連想をたくさん刷りこまれてきた。だから独立記念日の花火の音にも過剰に反応してしまう。元軍用犬が新しい家族のもとにもらわれていくには、まずそんな連想をひとつずつ取りのぞいてやる必要がある。

一〇歳になるイエローのラブラドール・レトリバー、ギャビンもそんな犬だった。米国司法省のアルコール・タバコ・火器及び爆発物取締局（ATF）からイラクに派遣され、二年後に帰還したとき、大きな音に激しい拒絶反応を示すようになっていた。雷鳴や花火の音におびえ、しだいに煙感知器の警告音や、子どもの甲高い声も苦手になった。

僕のところに来た当初、ギャビンはほかの犬との接し方も忘れていた。軍用犬としてトレーニングされたため、人間とばかり過ごしていたのだ。犬らしいところが少しもなく、まるでロボットだった。

こうした犬のリハビリには、日常の習慣を離れてDNAに直接働きかける行動を取り入れる。ギャビンの場合は水泳だった。ラブラドールは漁師の手足となって働いてきた歴史があり、泳ぎは得意中の得意だ。初めのうちはためらいがちだったギャビンだが、何度目かの挑戦で水に入ることができた。それで自信を取り戻したのか、犬らしい本能がよみがえってきた。これでトレーニングができる状態になった。軍用犬時代に、大きな音におびえ、警戒することを覚えたギャビンに、僕は別の連想を上書きした。大きな音がするたびに、寝そべって休むように教えたのだ。何度か繰り返すうちに、ギャビンは音がしてもリラックスできるようになった。

大きな音を怖がらなくなったギャビンは、ATFの捜査官L・A・バイコウスキーに引き取られた。その後はバランスの取れた幸せな犬として過ごし、ドッグ・サイコロジー・センターにもよく遊びに来ていたが、がんのため二〇一一年に世を去った。

犬の脳を刺激する

うちの犬を賢い子にするために、何かできることはありませんか？　飼い主からよくそんな質問を受ける。スーパーの棚には、「頭が良くなる」とうたったドッグフードもたくさん並んでいる。けれども食事で犬の知能が高くなる話は聞いたことがないし、犬にＩＱテストを受けさせるわけにもいかない。でも僕がひとつ確信しているのは、子犬のときに刺激をたくさん与えれば、偏りのないしっかりした脳になるということだ。

子犬の脳はスポンジのようなもの。周囲のさまざまな景色や匂いを驚くべき速さで吸い込んでいく。大きな音を聞き、毎日規則正しく運動する。新しい犬や人と出会い、初めての場所を訪れる。アジリティのコースを一日数分走るだけでもいい。そうした活動の積み重ねで、脳の神経細胞は大きくなり、数が増え、細胞どうしの連絡も良くなる。生まれた直後から最善の環境を整えてやることが、子犬の脳の発達をうながすのだ。

反対に、刺激を受けられず、ほかの犬や人間との接触がない犬は、脳が充分に発達しないし、偏りが出てくる。そうなると、犬というよりも反応の鈍い生気のない生き物でしかない。

もちろん、どんな良薬も与えすぎれば毒になる。刺激過多の犬が問題行動を起こし、攻撃的になった例は僕も実際にたくさん見てきた。刺激過多かどうかは、部屋に入ったときや、ほかの犬と会ったときの反応を観察するとわかる。舌を出してあえぐような呼吸を繰り返し、リードを引っ張ったり、吠《ほ》えたりしていたら要注意。喜んでいると勘違いする飼い主は多いが、実は自制がきかなくなっている状態だ。そんなときは、飼い主が冷静かつ慎重な態度で、刺激の強すぎる状況から犬を引き離してやるのがいちばんだ。

☑ 〈実践テクニック〉犬の脳トレ

新しいことに挑戦させたり、初めての経験をさせることは、犬にとって散歩や運動と同じぐらい大切だ。犬はエネルギーをもてあまし、退屈すると、破壊的な行動に出る。家具を傷つけたりするのはそのせいだ。ここでは、犬の精神を上手に刺激する方法を紹介しよう。

1 **トレーニングをひと工夫する。**

犬が新しいことを学習し、実践できるように工夫する。「お座り」「待て」「来い」といった基本命令も、「取ってきてお座り」といったぐあいに新しい要素を加える。

2 **双方向性のゲームやおもちゃを使う。**

犬のおもちゃも進化している。押すと音が鳴るボールや、布でできたリスだけではない。僕がよく使うのは、おやつを内部に仕込めるパズルだ。犬はおやつ目当てにあれこれ試してみる。片手におやつを握り、左右どちらか当てさせる遊びもいい。犬は嗅覚が鋭いので、一〇〇パーセント正解する。

3

散歩の道順を変える。

いつもと違う道や公園を選んで、犬の興味をかきたてる。

4

やりがいを与える。

犬は狩猟や牧羊のために品種改良されてきた歴史がある。まずはフリスビーで遊んでみよう。アジリティやフライボールといった競技に挑戦するのもいい。犬種独自の本能を満たしてくれる活動を見つけよう。

5

犬どうしを触れ合わせる。

犬は社会性の強い動物だ。仲間と交わる欲求を満たすために、温和な性格の犬と遊ぶ場を設けよう。

愛犬の立場で考える

幸福でバランスの取れた犬の飼い主は、直感的に犬のことをよくわかっている。犬の生きる世界がどんなものかを理解して、犬を導いてやることができるのだ。それがパック・リーダーだ。リーダーになるには、犬の脳の働きや情報処理の仕組み、行動を左右する本能について知らなくてはならない。これから紹介するテクニックや原理を自分のものにするには、愛犬の視点に立つことが重要だ。

② 犬のおきて五か条

ドッグ・サイコロジーって、いったいどういうもの？　飼い主からいちばんよく受ける質問がこれだ。人間の感情や反応を探る心理学と同じようにとらえている人が多いが、実はそうではない。人間ではなく犬の視点から犬の行動を理解し、説明すること。それがドッグ・サイコロジーだ。

犬の精神状態を探るうえでぜひとも知っておきたいのが、「犬のおきて」だ。犬の本来の姿とはどういうもので、自然な状態でいるためにはどうすればいいか。それを把握しておけば、パック・リーダーとして犬たちを上手にコントロールできるようになる。

犬のおきてとは、犬がまだ野生動物だった時代から、何千年もかけて自然が編みだしてきた五つの原理だ。人間の良き伴侶となった現代の犬にも大きな影響を与えている。このおきてを無視することは、自然に反するのと同じことだ。人と犬が仲良く暮らしていくうえで、犬のおきてを理解することは欠かせない。

1. 犬は本能の動物だ。
2. 犬はエネルギーがすべてだ。
3. 犬はあくまで動物だ。犬種や名前はその次の話。
4. 犬は感覚で現実を理解する。
5. 犬は社会的動物である。

これらのおきてが、犬の記憶や行動や知性とどう関わっているのか見ていこう。五つのおきてを理解したところで、第三章、第四章ではその応用編として「九つの原理」と「パック・リーダー・テクニック」を取り上げる。これであなたの犬は、飼い主を尊敬し、信頼し、心から愛する穏やかで従順な犬になるはずだ。

飼い主の多くは、わかりやすい成果を求めたがる。「どうすればうちの子は言うことを聞くようになるの?」といったぐあいに。テクニックにこだわる飼い主は、ひとつの方法が絶対で、それ以外はまちがいだと言い張る。けれども犬のおきてを知らなければ、いくら努力しても、どんなテクニックを用いても、望むような結果は得られないだろう。逆に犬のおきてを一度理解すれば、トレーニングに簡単に応用できて、めざましい効果をあげられるはずだ。

〈犬のおきて　その1〉

☑ 犬は本能の動物だ

多くの飼い主と接していていちばん問題だと感じるのは、犬は人間と同じという思い込みだ。誕生パーティを開いたり、きれいな服でおめかしさせたり、ベビーカーに乗せたり、親友のように話しかけたり……犬をまるで人間のように扱う飼い主の多いこと。

しかし、それで楽しいのは飼い主だけで、犬はちっとも楽しんでいない。飼い主の欲求やあこがれを満たす道具になっているだけだ。

人間の感情をそのまま犬に当てはめるのも、飼い主がよくやるまちがいだ。「私に叱られたものだから、ワンちゃんはしょげてるの」と犬の気持ちをさもわかった風に語る飼い主をよく見かける。犬がしょぼくれて元気がない様子を、人間の感情で説明しようとするのだ。もちろん犬にも感情はあるが、あいにく人間ほど複雑ではない。ただし人間の心情を敏感に察知して、プラスやマイナスのエネルギーとして受け取るのだ。マイナスのエネルギーを、犬は弱点として読みとる。

犬をめぐる問題を人間の視点で説明しようとすると、犬との関係に支障が出てくる。人間では有効な解決策でも、犬には完全に的はずれだったりするからだ。たとえば犬が神経をとがらせ、おびえていたら、まず慰めようとするだろう。しかしそれで犬が安心し、落ち着くかというと、そうではない。やさしく接してもらえたことで、ネガティブで不安定な行動が強化され、むしろ悪化するのだ。

野生動物の世界では、もちろんそんなことは起こらない。群れのメンバーが落ち着きをなくしても無視されるだけ。あまりにひどくて被害が及びそうになったら、群れを追い出される。不安定なエネルギーを受け取ったときに動物が見せる本能的な反応は、人間とは正反対なのだ。

●困った「人間扱い」ワースト5

人間のように扱われる犬は、バランスを崩して行動にも問題が出てくる。「人間扱い」にはいろいろあるが、よく見かけるのはこの五つだ。

1．犬に人間と同じふるまいをさせる。テーブルで食事をする、家族のベッドで寝る

など。

2. 犬の行動やボディランゲージ、顔の表情に人間の感覚や感情を当てはめる。

3. 身体を保護したり、見つけやすくするといった目的をはずれて、犬に服を着せて飾り立てる。

4. 犬が人間の言葉を理解し、解釈できると期待する。

5. 不安がっている犬を慰める、興奮している犬に同調するなど、人間のときと同じ対応をする。

〈犬のおきて　その2〉

犬はエネルギーがすべてだ

犬の行動と遺伝子や品種、進化との関係については、科学的にもさかんに研究されている。しかし人間のエネルギーが犬の行動に大きく関わっていることは、あまり知られていない。エネルギーとは、「相手が今そこに存在している気配」と言い換えてもいいだろう。自分や相手がつねに発散しているエネルギーを感じとったり、いっしょに何かを行なったりすることが、犬どうしのコミュニケーションなのだ。もちろん犬と人間でも同じこと。

私たち人間は言葉という強力な手段を持っていて、それを使って自分を表現している。けれども犬には言葉がない。彼らは耳や目の動き、尻尾や頭の位置で内面を表現する。これらは重要な手がかりであり、人間が正しく理解しないと誤解が生まれたり、問題行動を引き起こしたりする。また人間は、たとえ言葉を発していないときでもエネルギーを発散しており、犬はそれを明確なメッセージとして受け取っている。

けれども、「エネルギーでコミュニケーションをとる」という考えはなかなか理解されないようだ。数年前、ロンドンで活動する犬の行動カウンセラーのグループに招かれた。知識も経験も豊富な専門家を相手に、エネルギーがいかに犬の行動に影響を与えているか、どうすれば犬の行動を先読みできるかという話を一時間ばかりしたのだが、彼らの反応は微妙だった。「エネルギーとはいったいどういうこと？　どうすればエネルギーを感じられるの？」と疑問で頭がいっぱいの様子だ。

犬は人間の身体の動きを観察し、嗅覚や聴覚を駆使して周囲の状況を把握する。盲導犬などの補助犬や、災害救助犬の働きぶりからもわかるように、犬のそうした能力はずばぬけて高い。

そこで僕はこう言った。「爆発物や麻薬を嗅ぎつけたり、行方不明者を捜しあてたりする犬が、私たちの気分や感情、エネルギーを鋭く察知できるのも当たり前じゃないかな?」

その二年前、僕は北カリフォルニアのがん研究センターを訪ねていた。そこでは犬に患者の息を嗅がせて肺がんを検知させる研究を行なっていて、正解率は実に七七パーセントだった。犬の嗅覚はそれほど鋭い。だとしたら、私たちの心の状態も嗅ぎわけることができるのでは?

犬のエネルギーについて考えるとき、かならず思い出すことがある。それは僕の人生で最も大切な経験だった。

初めて僕の「右腕」になってくれたダディが晩年を迎えたとき、僕は新しい犬を探しはじめた。ダディの指導のもとで、パックの一員に加えるためだ。ダディとは、彼が生後四カ月のときからの付き合いだった。性格が従順で、バランスの取れたエネルギーの持ち主であるダディは、僕といっしょに働きながら、あらゆる体格の犬と接してきた。とりわけ攻撃性の強すぎる犬を矯正《きょうせい》する役目にはぴったりだった。ダディに絶大の信頼を寄せていた僕にとって、後任が見つかるかどうかは切実な問題だった。

そのころ、友人の飼っているピットブルが子どもを産んだというので、ダディを連れて見に行った。僕たちは、子犬がきょうだいどうしでじゃれあったり、母親に甘えたりする様子をしばらく眺めていた。

一匹の子犬が目に留まる。力が強く、外見も整っていて、模様もくっきりと美しい。その子をダディのそばに置くと、驚いたことにダディは唸《うな》り声をあげた。しかたないので別の子犬を見せた。真っ白で頭の大きい子だ。けれどもダディは完全に無視した。最後に選んだのが、毛色がソリッドブルーで母犬のいちばんそばにいた子だ。拾いあげてダディの近くに置くと、ダディは自分から近寄っていって、子犬の鼻に自分の鼻をくっつけた。それからダディは尻尾を振り、きびすを返して車のほうに歩き出した。すると子犬もダディの後を追いかけた。母犬のほうを振り返りもしない。子犬はジュニアと名づけられた。ダディとジュニアは、本能とエネルギーで相性を感じ取ったのだ。

それからというもの、ダディはつきっきりでジュニアの指導にあたった。トイレ・

▲ ジュニアとダディ。うたたねも大切な日課だ。

トレーニングだけはダディが手を出さなかったので、僕が担当した。

ジュニアのエネルギーはパックの一員にふさわしく、僕の助手として犬のリハビリを手伝うという役目にぴったりだった。ダディは、僕が求めるものをわかったうえで子犬を選んでくれたのだ。僕のほうも、ダディの本能を全面的に信頼していた。犬との関係を築きたいなら、人間のほうから犬の世界に飛び込まなくてはならない。それは知性も精神性も存在しない、本能の世界だ。そこでは人間も、自らの本能だけを頼みにするしかない。

エネルギーが行動に及ぼす影響につ

いては、科学的研究がようやく始まったところだ。僕自身は、犬との長年の経験からさまざまな信念や知見を積み上げてきたが、それを裏づけるような研究が少しずつ発表されている。

二〇一二年二月、学術雑誌『カレント・バイオロジー』に発表された研究がある。ハンガリーのブダペストにある中央ヨーロッパ大学認知発達センターが行なったもので、アイコンタクトといった言語外の合図に対して犬が見せる反応は、人間でいうと二歳児レベルだということがわかった。とりわけ高いのはアイコンタクトを読み取る能力だ。米マサチューセッツ州ノース・グラフトンにある、タフツ大学カミングス獣医学部動物行動クリニックのニコラス・ドッドマンは、この研究の要点をこんな言葉で表現した。「犬は、人間が何を考えているかを表情で知ろうとする」

犬は私たちが思っている以上にエネルギーを感じ取り、言葉以外の態度やふるまい、つまりボディランゲージに敏感に反応している。人間の声を聞くときは、その調子や抑揚よりも、声に込められたエネルギーを受けとめているのだ。

〈犬のおきて　その3〉

犬はあくまで動物だ。犬種や名前はその次の話

犬はエネルギーがすべて。このおきてを学んだところで、次に犬とはいったい何者なのかを見ていこう。犬の存在を成り立たせているのは四つの要素だが、それぞれは対等ではなく、守るべき「順序」が存在する。

いちばん先に来るのは、犬が「**動物**」だということだ。次に、タイリクオオカミの一亜種である「**イエイヌ**（*Canis lupus familiaris*）」という学術上の分類がある。さらに「**犬種**」の区別があって、最後に「**名前**」が来る。この順序を逆にして、愛犬の「名前」をいちばん上に持ってきてしまい、犬が動物であるという事実を後回しにするのは、人間がよくやる過ちだ。

しかしドッグ・サイコロジーでは、犬をあくまで動物として考える。犬はけっして人間ではない。犬と関わりを持ち、好ましくない行動を正すようなときは、犬をまず動物として認識し、次にイエイヌとしてとらえる。それからジャーマン・シェパード

やハスキーといった犬種ごとの特徴や能力を考慮し、最後に飼い主が名前をつけた目の前の犬に向き合う。これが正しい順序だ。バランスの取れた幸せな犬と暮らすためには、この順序を崩してはいけない。

それでは犬をめぐる四つの要素を、ひとつずつ見ていこう。

動物と聞いて連想することといえば——自然、野生、自由だろう。動物には過去も未来もない。今だけを生きており、目の前の欲求しか頭にない。動物にあるのは本能だけ。知性や精神性はみじんもない。安全なねぐらと、食べ物と水が確保できて、子孫を残すことがすべてだ。たとえ飼い犬であっても、動物としての基本的欲求が最優先される。そうした欲求を満たすことが、犬の生活でいちばん大事なことであり、最強の動機になる。

次は**イエイヌ**という要素。イエイヌは祖先のオオカミの流れを引いていて、群れをつくって生活する。集団内の序列を守り、リーダーの命令に従って忠実に役目を果たす。鋭い五感で周囲の状況を理解する。護衛、狩猟、探索といった仕事を与えられると懸命にこなす。イエイヌとしての本来の性質を知れば、週に二回、散歩でご近所をぐるりと一周する程度の活動量では、犬はとうてい満足できないことがわかるだろう。不満がたまりにたまると、犬は問題行動を起こす。

第三が**犬種**だ。人間は犬を家畜化してからというもの、遺伝的な特性や能力を伸ばすために品種改良を重ねてきた。今ある犬種のほとんどは、人間の産物だと言っていいだろう。品種改良によって、もとの性質に遺伝的に手を加えたり、強化したりした結果、犬種にはそれぞれ得意分野がある。たとえばブラッドハウンドは驚異的な嗅覚で獲物を追跡するし、グレイハウンドは俊足が持ち味だ。ボーダー・コリーは頭が良く、ジャーマン・シェパードは警備に向いている。

こうした特徴は、犬の心理やエネルギーにももちろん影響してくる。同じ犬種でも、エネルギーのレベルが高・中・低と異なる個体があるため、その犬種が得意とする仕事を同じようにこなせるとはかぎらない。私たちは犬種でひとくくりにしがちだが、犬の行動や「訓練しやすさ」は、犬種だけで決まらないことを覚えておこう。

最後になるが、第四の要素は**名前**だ。名前は人間がつけて、犬に教え込む。犬のほうからすると、自分がサムと呼ばれようが、あるいはフィオナやフィドと呼ばれようが、違いはわからないし、わかる必要もない。人間は名前を呼ぶことで犬に「パーソナリティ」を投影するが、人間で言うようなパーソナリティはドッグ・サイコロジーには存在しない。ドーベルマン・ピンシャーは、ランボーという名前だから攻撃性が強いわけではないし、ヨークシャー・テリアにベビーと名づけても、赤ん坊のようにおとなしく一日中寝ているわけではない。

以上、四つの要素を正しい順序で理解し、それぞれが行動に与える影響を知ることが、バランスの取れた幸せな犬になるための重要な鍵となる。

〈犬のおきて　その4〉

犬は感覚で現実を理解する

同じ場所にいても、犬が経験する世界と、人間が経験する世界は同じではない。それは犬と人間とでは、生まれつき備わった本能と、脳の働きが違うせいだ。そこで犬の精神を理解するために、犬の本能と感覚がつくりあげる世界を少しのぞいてみよう。

人間はもっぱら視覚を通して世界を経験する。人間の目に映るのは、色彩豊かで活気にあふれる世界だ。しかし犬はまず嗅覚で世界を感じる。犬に見えているのは、ちょうど白黒テレビの画面のように濃淡の異なる灰色の世界だ。それぞれ別の感覚が突出しているのだから、犬と人間が同じように世界をとらえられるはずがない。私たちが〝見る〟世界を、犬は〝嗅いで〟いる。初対面の相手に抱く第一印象も同じこと。私たちは見た目で決め

[感覚情報が脳に伝わる優先順位]

人間	犬
1. 視覚	1. 嗅覚
2. 触覚	2. 視覚
3. 聴覚	3. 聴覚
4. 嗅覚	4. 触覚

るが、犬は匂いで判断する。五〇メートル近く離れていても、犬の鼻は匂いを嗅ぎとり、相手の様子を察知できる。

初めての犬に会ったら、駆け寄って身をかがめ、頭をなでる。よく見かける光景だが、実はとんでもない行動だ。人間にとって触覚は二番目に強い感覚なので、つい犬に触りたくなる。けれども犬がもし言葉を話せたら、顔をしかめてこう言うにちがいない。「ニンゲンさんよ、あんたのことをまだ知らないんだ。俺の顔に触らないでくれるか？」

二〇一二年、コロラド州デンバーの朝のニュース番組〈トゥデイ〉が、凍った湖に落ちたドゴ・アルヘンティーノを消防士が救出した話を取り上げていた。スタジオでは二人の消防士と犬が生出演し、女性アンカーのカイル・ダイアーもしきりに犬をなでていた。インタビューが終わり、自らも犬好きのダイアーがさよならと言いながら顔を近づけた瞬間、ドゴ・アルヘンティーノが彼女に嚙みついた。まだ放送中のできごとだった。鼻と唇に大きな傷を負ったダイアーは、数度の手術を経て番組に復帰したとき、犬への接し方がまちがっていたことを認めた。「距離が近すぎて、不安にさせてしまったようです」

ダイアーと同じ失敗をする人は多い。人間は触覚の優先順位が高いので、犬にもつい触れたくなってしまうのだ。だが初めて会う犬には、「**触れず、話さず、目を見ない**」のが大原則だ。そのあいだに犬は相手の匂いを嗅ぎとり、大丈夫だと思えばパーソナルスペースに入れてくれるだろう。

このとき大切なのは、エネルギーを静かな状態に保ち、毅然としていることだ。足元で犬が鼻を鳴らして匂いを嗅いでも、両手は身体につけたまま。犬は見ないで、近くにいるほかの人に視線を送る。もちろん話しかけたりもしない。犬は匂いを嗅ぎながら、相手のことを知ろうとする。そして集めた情報をもとに、次の行動を決める。そのまま離れていくか、おとなしく正面に座りこむか。

この段階まで来たら、犬に注意を向けてもかまわない。ただし、犬にかまってもいいか飼い主にたずねること。飼い主の許しが出たところで、犬に視線を向け、話しかける。向こうから近づいてきたら、手のひらを上に向けてこぶしをつくり、匂いを嗅がせてやる。犬が不安そうになったり、攻撃的になったりしなければ、触っても大丈夫だ。最初は胸や肩のところを軽くかいてやるのがいい。上から頭や首を触られると、攻撃と見なす犬もいる。知り合ってすぐは、触れ合いも慎重にするのが賢い。

「触れず、話さず、目を見ない」ルールは、ほかにもいろんな場面で使える。たとえば飼い主の帰宅に犬が大喜びして、くるくる回ったり、飛びつこうとしたりするとき。「触れず、話さず、目を見ない」を徹底すれば、いくらはしゃいだところで、飼い主の注意を惹《ひ》くことはできないのだと犬は学習するだろう。落ちついて従順にならないかぎり、認めてもらえない――それがわかった犬は、飼い主を出迎えるときも大騒ぎしなくなる。

自宅にやってくるお客にも、「触れず、話さず、目を見ない」を心がけてもらおう。「私は犬に飛びつかれても気にしない」と言う人も多いが、同じ家の中で二重のルールがまかりとおるのはよろしくない。飼い主や家族に飛びつくことが許されない以上、お客にも飛びつくことは厳禁なのだ。そのように決めておけば、犬の正しい扱いを知らないお客が来ても、気をもまなくてすむ。

〈犬のおきて　その5〉
犬は社会的動物である

犬はどのような進化の過程をたどって、人間の大切な伴侶になったのだろう？　それを知ることは、犬の行動を理解するうえで大いに役に立つ。人間の親友になるために、野生動物の中から自然が選び出してくれたのが犬だった。狩猟や牧畜、警護で大いに活躍してくれる犬は人間に気に入られ、いつしか富や権力、貴族階級を象徴するまでになった。

出土した化石や遺伝子解析の研究から、約二万年前に中近東に生息していたオオカミの亜種が、犬の祖先だったことがわかっている。犬の染色体は七八本でオオカミと同じだ。いくつか異なる血統のオオカミが家畜化されて、犬になったと考えられている。さらにその後も野生のオオカミや犬と交配を繰り返したことで、遺伝的な多様性が広がった。

そのため、先祖のオオカミと現代の犬はあまり似ていない。人間による交配の結果、

▲ ハイイロオオカミとマルチーズは、似てないけれど"いとこ"どうしだ。

犬の歯は小さくなり、あごは短くなって、獲物を捕らえて殺す能力は低くなった。それでも群れ《パック》で生活するオオカミの社会性は、犬にしっかり受け継がれている。

オオカミは集団で行動し、全員が同じ目標に向けてそれぞれの役割を果たす。集団が効率的に機能するためには、獲物を仕留める狩人《かりゅうど》、戦略家、敵から群れを守る防御役など、異なる性格のメンバーが混在していたほうがいい。

群れの中で自分の役割を果たそうとする傾向は、オオカミや犬に限ったことではない。人間社会の構造も群れに似た面があって、メンバーがそれぞれの役目を自覚しつつ、協力して問題解決にあたる。家庭でも職場でも、群れを率いるパック・リーダーは冷静かつ毅然とした態度を保つことが大切だ。パック・リーダーが不在になったとしても、すぐに誰かが後釜に座るだろう。もしかすると、あなたの代わりを犬が務めようとするかもしれない。

ドッグ・サイコロジー・センターでパック・リーダーの講習をしていたときのことだ。四〇人の受講者の中に、ジャック・ラッセル・テリアを連れていたひとりの女性がいた。テリアはコントロールがきかず、目に入るものをすぐ追いかけようとする。女性もそれを止めるのに必死で、指導内容が少しも耳に入っていない様子だった。

僕は彼女とテリアを教室の前に呼び、中央にカメを一匹置いた。テリアはたちまち興奮し、のろのろと逃げようとするカメに何度も飛びかかった。そこで僕は、テリアのリードをカメに結び付けた。するとテリアは攻撃をぴたりとやめ、ゆっくり歩くカメにおとなしく引かれて歩き出した。カメの慎重でのんびりしたエネルギーが伝わったのか、テリアの攻撃性は鳴りをひそめ、落ち着きを取り戻した。頼れるパック・リーダーがいない群れでは、犬は自分がリーダーになろうとするが、ほかの人間や動物にリーダーを任せることもあるのだ。

群れの中には役割があり、秩序がある。その秩序を人間が知らないうちに変えるようなことをすると、犬は情緒不安定になる。たとえば群れの後方でのんびりやりたい性格の犬に、パック・リーダーや警備犬をさせたりしてはいけない。「うちの犬、知らない人が近づいても知らんぷりで、吠えもしないんです」という話をよく聞くが、それは番犬向きではない犬に、本能や秩序に反した役目を押しつけているからだ。飼い主は自分の犬の性格を探り、群れの中でどんな位置づけにあるのか知っておかなくてはならない。

これまで見てきた五つの「犬のおきて」は、犬との幸せな暮らしを実現するための第一歩だ。犬に接するときは、本能とエネルギーをいつも心に留めておこう。あなたの犬にとって、この世界にいるべき場所はひとつだけ。群れに属していたいという犬の欲求を尊重してあげよう。五つのシンプルな「おきて」を理解すれば、あなたの犬が今まで以上にすばらしく、愛すべき存在であることがわかってくる。

「犬のおきて」がわかったら、次に考えるのはバランスだ。

③ バランスの取れた犬になるための九つの原理

愛犬ともっと幸せに暮らしたい――その願いは、犬を犬として認め、犬ならではの視点を尊重することで、意外と簡単に実現する。人間と犬とでは、まわりの状況をどう受け止め、どう反応するかがまるで違う。そのことを知っておくだけで、あなたは正しいパック・リーダーに一歩近づくことができる。

犬の脳の仕組みを知り、「犬のおきて」を理解したら、次に学びたいのは「九つの原理」だ。これは、バランスの取れた幸せな犬になるための秘密兵器で、長年犬と接してきた人でも、初心者でも、パック・リーダーなら肝に銘じておきたい重要な真理だ。犬は本来の姿で生きるときが、いちばんバランスが取れている――群れの中で自分の居場所がきちんとあり、自分に何が期待されているかわかっていて、穏やかで従順なエネルギーで満たされているときだ。そんな犬はパック・リーダーに服従して、おかしな行動は起こさない。そのためには、人間が九つの原理を忠実に実践する必要がある。犬の本能に根ざしたこの原理は、あなたと家族、そして愛犬がバランスの取れた日々を送るための大切なよりどころになるだろう。

犬がバランスの取れた状態になったとき、飼い主との関係はそれまでとがらりと変わる。犬と人間が直感で気持ちを伝えあい、おたがいに必要なことをわかりあえるようになるのだ。深いところで結びついた関係は、多くのものをもたらしてくれる。静かで毅然としたエネルギーが、人生のあらゆる面で良いほうに働くことを実感できるはずだ。

〈原理　その1〉
自分のエネルギーを意識する

第二章で、エネルギーがすべてだという犬のおきてを紹介したが、それは犬だけの話ではない。人間を含めたすべての動物は、ボディランゲージ、顔の表情、アイコンタクトを通じてエネルギーを発散しており、それによって自分の存在を世界に示している。人間は言葉という最大の表現手段を持っているので、ボディランゲージや表情や視線は言葉を補うものでしかないが、犬はそれですべてを伝える。穏やかに、でも毅然としたエネルギーをまとって登場し、居場所を要求するだけで、ほかの犬より上に立つことができるのだ。「ちょっとすみません」「お願いします」「ありがとう」などの言葉は必要ない。

いっぽう人間には言葉があるので、会話でも文章でも言葉に頼る部分が大きい。しかし言葉を操ることに心を砕くあまり、エネルギーの存在や、今自分がどんなエネルギーを放っているのかということに気持ちが向いていない。もちろん、無意識にではあるけれど、私たちはおたがいのエネルギーを感じ取っているし、それが態度や行動にも反映されている。優れた内容を選びぬいた言葉で語っても、感情や抑揚のまったくない口調で聞かされるのでは心は動かない。反対に、自信にあふれた熱心な話し方であれば、つまらない考えでも多くの人が受け入れるだろう。それは聞き手が受け取るエネルギーの違いだ。

犬の飼い主でも、神経質なエネルギーや、優柔不断なエネルギーを出しているのに、指摘されるまで気がつかない人は多い。自分のエネルギーに無頓着なので、飼い犬の行動がそれに反応していることがわかっていないのだ。だが犬のほうは、人間のエネルギーを瞬時に読み取る。自然に犬が寄ってくる人もいれば、ひと目見ただけで犬が逃げ出す人もいる。犬が惹かれるのは穏やかで毅然としたエネルギーだ。バランスが悪く弱気で神経質なエネルギーは遠ざけようとする。

パック・リーダーとして成功する――それは人として成功することでもある――には、**自分のエネルギーに注意を払い、調整する技術を身につける**必要がある。今のあなたはどんな気分で、身体はどんな状態だろう？　本人が意識してもしなくても、心模様はかならず身体に現われる。神経が張りつめていたり、動揺していたら、全身に力が入っているだろう。不安にさいなまれていたら、背中が丸まり、前かがみになっているはずだ。

これとは反対に、姿勢やたたずまいを変えるだけで心持ちが変わることもある。だから穏やかで毅然としたエネルギーを発散したいときは、それに適した体勢をとればいい。背筋を伸ばして立ち、目はまっすぐ前を向き、肩をすぼめないで胸を開く。両足はしっかり地面を踏みしめる。腕組みはしない。ポケットに手を突っ込むのもなしだ。深く息を吸って、ゆっくり吐き出す。そうやって呼吸に集中していると、頭から雑念が消えていくはずだ。目を閉じて周囲の匂いや音を感じてみよう。心が静まってくるのがわかるだろうか。その感覚と身体の状態を覚えておいて、必要なときにいつでも切り替えられるように練習しよう。

群れの中の犬が興奮して吠えると、群れ全体がたちどころに反応する。バランスの崩れたエネルギーを、危険が迫っている警告だと受け取るのだ。しかし脅威はないとパック・リーダーが判断し、冷静さを取り戻すと、あっというまにほかの犬たちも静かになる。犬と接するとき、人間のエネルギー状態が不安定だと、犬は「何か変だ」と警戒する。けれどもほとんどの人は、自分がそんなメッセージを送っていることとすら気づいていない。自分のエネルギーがいまどうなっているか把握して、制御できるようになることはとても大切だ。自分自身をコントロールできない者に、犬をコントロールすることはできない。

〈原理　その2〉
この瞬間を生きる

たえず空想をめぐらせることができるのは、人間だけに与えられた能力かもしれない。この本を読んでいる最中にも、頭の片隅で今日の朝食のこととか、電球が切れていることに思いをめぐらせている。うっかりすると考えごとのほうに気を取られて、本の中身が頭に入っていなかったりする。もしここでそうなったとしても、僕は待っているので、どうぞ心置きなく読み返してほしい。

空想することで、過去・現在・未来を同時に生きることだってできる。進化がもたらしたそんな能力が、人間にとっていいことなのかどうかわからないが、高度に発達した言語能力がそれを支えていることはわかる。だから僕たちは、過去の輝かしい記憶をよみがえらせたり、夢の休暇旅行を思い描いたり、上司に給与アップを求める交渉を頭の中で予行演習したりできるのだ。

言葉を持たない動物でも過去や未来とのつながりはある。タマネギを食べて大変な目にあったことがある犬は、匂いを嗅ぐだけで逃げ出すようになる。リスが巣に木の実をためこむのは、あとで食べるつもりだからだ。

ただし、過去や未来と、現在の行動とのつながりは人間よりはるかに薄い。リスが木の実をためるとき、「これは来週の火曜日に食べよう」といった心づもりはしていないし、犬も「あっ、タマネギの匂いだ。そういえば以前にこれを食べてすごく気持ちが悪くなった」と論理的に過去を振り返っているわけでもない。彼らの反応はもっと瞬間的、本能的だ。匂いという刺激が引き金となって、逃げ出しただけなのである。「今日はタマネギの匂いがしないといいなあ」という思考も犬にはなく、実際に匂いが鼻に入ってくるまで、タマネギのことなど何も考えていない。

犬はこの瞬間だけを生きている。この事実を人間が忘れてしまうと、リハビリやトレーニングの妨げになることがある。たとえば脚や聴力、視力を失った犬は、そのことを嘆いたりしない。残された能力で対処していくだけだ。自分を憐《あわ》れんで、時間を無駄にするようなこともしない。人間は過去にとらわれてしまうから、犬を襲った不幸を思い起こしてかわいそうに思うが、そんな同情は犬にとって見当違いもはなはだしい。

犬は過去を恨《うら》んだり、気に病んだりしない。相性が悪くて、会うたびにケンカをする犬どうしでさえ、以前の衝突のことはまったく覚えていないはずだ。相手の姿が目に入ったら、それが反応の引き金になる。だから、そのとき向こうが攻撃的でないと判断したら、ケンカにならないこともある。たとえケンカをしても、離れればそこで終わり。相手への憎しみをふつふつとたぎらせて、今度会ったら殺してやると決心することはない。事実かどうかはともかく侮辱されたと思い、何年も恨みを抱くのは人間だけだ。

犬をリハビリできるのも、この瞬間だけを生きる性質のおかげだ。過去にしがみついたり、未来のことを不安がったりせず、目の前にあることを素直に受け入れ、学び続ける。無理やり矯正されたとか、猛特訓させられたと腹を立てて、いつまでも引きずるようなことはない。終わったことはもう忘れてしまう。

これは、僕たちが犬から学べる大切な教えのひとつだ。恨み、後悔、不安、恐れ、嫉妬——人間が抱えるネガティブな感情は、過去や未来に執着するところから生まれる。終わったことは終わったこととして切り離し、コントロールできないことにしがみつくのをやめれば、今ここにいる自分はどれほど満たされることか。それは愛犬とバランスの取れた関係を築く方法でもある。

〈原理　その3〉
犬は嘘をつかない

テレビシリーズ〈ザ・カリスマ ドッグトレーナー～犬の気持ち、わかります〉では、四〇〇匹以上の犬のリハビリを行なった。撮影でいつもスタッフに念押ししていたのは、飼い主一家の悩みや状況は事前に知らせないでくれ、ということだった。白紙の状態で犬に向き合い、家族と話すことは、問題の根っこを突き止めるうえでとても重要なのだ。そしていよいよ飼い主一家と犬を紹介されるが、そこで家族は「ストーリー」を僕に語る。けれども「真実」を語ってくれるのは犬のほうだ。犬の出すエネルギーに、嘘も偽りもない。だから犬を少し観察するだけで、ほんとうはどんな状況なのか察することができる。

人間はストーリーを語るのがとてもうまいので、ときとして自分自身にもストーリーを語ってしまう。誤解しないでほしいのだが、それはあくまでわが身を守るためであって、自分の感情とか、抱えている問題に対して不誠実ということではない。とはいえ、自分の内面を直視できない者が、問題を抱えた犬を助けられるとは思えない。最も手こずるのは、犬が実際に困った行動をしているのに、飼い主がそれを頭から否定したり、複雑きわまりない理由で説明しようとするときだ。犬の問題行動を頑として認めない飼い主には、さすがの僕もお手上げだ。

ドッグ・サイコロジー・センターには、「トレーニング・シーザーズ・ウェイ」と名づけた基礎クラスがある。そこで「真実」と「ストーリー」の違いをわかってもらうために、実例を見せることにした。クラスの受講生に、アンという女性がいた。彼女の犬はモナーク。セラピードッグだということで、なるほど性格が温和で感受性が鋭い。

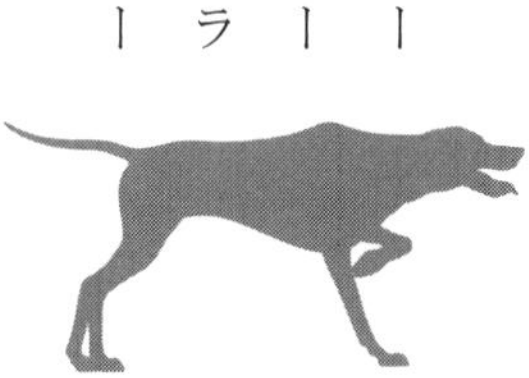

「私たちは、コミュニケーションがうまくいっていません。私が命令しても、モナークがびくびくして従わないことがあるんです」アンはそう言ったが、それはあくまで人間から見たストーリーだ。だが彼女のボディランゲージとエネルギーに注目すると、別の可能性が浮かび上がってきた。

ほかの受講生から見ると、アンはモナークの反応を気にしすぎていた。モナークのちょっとした動きにも鋭い視線を飛ばす。リードをゆるめずに短く持つので、モナークはアンの足元にぴったり寄り添わなくてはならない。アンにとって、モナークが命令に無関心であることが強迫観念になっていた。

アンはモナークを信頼しておらず、モナークもそのことをわかっている――それがこの「ストーリー」の「真実」だ。信頼してくれない人に指示されても、従おうという気にはならない。実はびくびくおびえているのはアンのほうで、そのエネルギーがモナークに投影されているだけだった。しかもモナークはセラピードッグとして訓練されたため、人間のちょっとした表情や動きにことのほか敏感だった。

僕はモナークのリードを預かり、二本の指で軽く持つと、自信に満ちた冷静な態度で、身ぶりだけでモナークに歩くよう命令した。するとモナークは、ためらうことなく歩き出した。今度はリードをはずしてみる。おどおどして自信なさげだったモナークに静かな活力がみなぎるのがわかった。モナークは従順で幸せそうな犬に変身し、僕の命令に嬉々として従った。受講生から拍手が湧きおこる。お尻を床につけて座ったモナークは、ごろりと仰向けになってお腹を見せた——服従と信頼を表わす究極のポーズだ。**自分でこしらえたストーリーを乗り越え、真実に目を向けないかぎり、犬との問題は解決に向かわない。**

ではストーリーと真実を見分ける練習をやってみよう。家庭内のちょっとした問題やいざこざについて、原因と思われることをすべて紙に書き出す。その紙を親しい友人や配偶者に見せて正直に意見を出しあい、的はずれなものをひとつずつ消していく。そうすることで、タマネギの皮をむくように真実が明らかになり、ほんとうの原因が何なのか見えてくるだろう。最初はおじけづくが、やってみれば肩の力が抜けて自由になれる。〈犬の気持ち、わかります〉でも、自分のストーリーから離れることのできた飼い主は決まって涙を流し、安堵のため息をもらした。もちろん犬の問題行動も解消した。

☑

〈原理　その4〉
自然に逆らわない

第二章でも書いたように、犬はあくまで動物で、学術的にはイエイヌに分類される。そのあとに犬種や名前が来る。前の二つは犬本来の姿を示すもので、後の二つは人間の都合でつくられた区別だ。ネズミからワシまで、すべての動物は日々自然を相手に生活している。自然の法則に従わないと、生き延びて子孫を残すことができない。人間は、少しぐらい勝手なことをやってもしっぺがえしを食らわないが、それでも自然の法則からは逃れられない。

先進国で生活していると、自然との接点が失われやすい。家の中ではいつでも快適に過ごせるし、車や電車に乗れば職場まで運んでくれる。お腹がすいたら冷蔵庫を開ければいいし、コンビニやレストランもある。自然を感じるとすれば、お天気が悪いときと、散歩中に飼い犬のうんちの始末をするときぐらいだろう。

だが犬にとっては、これは自然な生活ではない。野生では群れをつくってシンプルに生きていた動物を、人間が自らの生活圏に引き込んだのだ。犬がとらえる現実は、この瞬間の感覚で構成されている。今を生きるのに必要なもの——ねぐら、食べ物、水、季節によっては交尾——を求めているだけだ。いっぽう人間の現実は、思い込み、知識、記憶というフィルターを通っている。この瞬間だけを生きていて、過去をくよくよ振り返ったり、未来を心配したりすることのない犬からすると、ストレスをためこんだ現代人の生活は理解しがたいかもしれない。

そんな犬の生き方を学びたい。本気でそう思うなら、数カ月ホームレスになってみることだ。米国に来てすぐの僕がまさしくそうだった。次の食事にありつけるか、今夜寝るところがあるか。そんなことで頭がいっぱいで、過去を振り返ったり、未来を夢見たりする余裕はまったくなかった。だとしたら、黙っていても食べ物がもらえる飼い犬はさぞ満足？　ところが犬は人間と違って、本能を理屈で押さえこむことができない。犬を野生から引き離すことはできても、**犬から野生を消し去ることは不可能**なのだ。

オオカミを祖先に持つ犬は、群れをつくる性質を色濃く受け継いでいる。自分の欲求も群れの必要しだい。群れを率いるのは、冷静でバランスの取れたリーダーだ。メンバーの誰かが不安定になったらすぐさま対応する。可能なら矯正するが、だめなら追放するか、命を奪う。

頼りになるリーダーの存在は、犬にとって食べ物と同じぐらい重要だ。リーダーの必要性は犬の遺伝子にしっかり刷り込まれているので、もはや本能といってもいい。家畜化されて、野生の生き方から遠ざかっている動物ほど、この本能をきちんと満たしてやる必要がある。飼い犬に食べ物を与えないと死んでしまうように、リーダーに命令されて動きたい本能が十分に発揮できない犬は、人間でいうとノイローゼのようになり、精神を病んでしまう。

第二章で説明した「犬のおきて」を私たちがしっかり意識することで、犬は自然とのつながりを保つことができる。それだけではない。犬を通じて、忘れかけた本能的な部分を人間も再認識できる。都会の大きな公園でいいから、自然が感じられるところで犬と歩いてみよう。犬が自らの五感を使って、どんな風に世界を感じているか、人間も体験してみるのだ。母なる自然とのつながりを取り戻せば、あなたと犬はおたがいに多くのことを学び、バランスの取れた関係になるはずだ。

☑〈原理　その5〉
犬の本能を尊重する

すでに何度も書いているように、犬はあくまで動物だ。それもイエイヌという種類の動物である。犬種は人間がつくりだした要素ではあるが、犬の本能に大きな影響を与えている。長い時間をかけて交配を繰り返した結果、犬の種類は驚くほど多くなった。大きさもヨークシャー・テリアやチワワから、グレート・デーン、セント・バーナードまで幅広く、これほど多様化が進んだ種もほかにない。犬種がつくられた理由も、家庭犬としてかわいがったり、牧羊や警護のためだったりといろいろだ。いずれにしても、本来持っていた好ましい本能を交配によって伸ばすことで、特定の仕事に従事できる犬がつくられていった。

動物として、またイエイヌとしての特徴はすべての犬に共通しているが、**犬種の個性も犬の行動を形作っている**。そのため犬のトレーニングやリハビリをするときは、犬種も考慮したほうがいい。ただし犬種は、たとえるならあくまで「スーツ」だ。た

▲ 獲物の居場所を人間に知らせるポインティング・ゲームが、犬の本能を刺激する。

しかに純血種の犬であれば、犬種の特性や本能が強く出てくる。それでも動物として、イエイヌとしての本能を正しく満たしてやることができれば、犬種由来の困った行動は最小限に抑えることができる。

そのうえで犬種に配慮できれば言うことなしだ。犬種の個性を活《い》かした遊びやトレーニングは、犬だけでなく人間もやっていて楽しい。犬種ならではの強い本能が困った行動を引き起こしているときは、そうしたリハビリが欠かせない。

品種改良の長い歴史を経て、今の犬種は役割ごとに七つのグループに分けることができる。**スポーティング**、**ハウンド**、**ワーキング**、**ハーディング**、**テリア**、**トイ**、**ノンスポーティング**だ。本能や欲求を満足させるやり方は、それぞれのグループで少しずつ異なる。

スポーティング・グループは、狩りの手助けをするために改良された。とくに水鳥を見つけて飛び立たせたり、仕留めた鳥を回収したりする。それだけに獲物を発見して回収するゲームをやるととても喜ぶ。ポインターの場合は、匂いを覚えさせた獲物を隠し、ポインターがそのありかを突き止めて飼い主に示せば（これをポイントという）ごほうびをやる。捕食本能を刺激するので、獲物の回収はさせない。スパニエルも獲物の居場所を見つけさせる。レトリバーであれば、獲物を持ってこさせてもよい。

ハウンド・グループの犬も狩猟で使われてきたが、スポーティングと異なるのは自ら追跡と狩りを行なうことだ。獲物は鳥よりも哺乳動物であることが多い。ハウンドはさらに、嗅覚ハウンドと視覚ハウンドに分かれる。嗅覚ハウンドの本能が満たされるのは、「家出人捜索」ゲームだ。家族の匂いがついた服や小物をいつもの散歩ルートに隠しておいて、犬が匂いを頼りに見つけるたびにごほうびをあげるのだ。

視覚ハウンドは離れた場所から獲物を見つけて狩りをするので、とにかく走りたい欲求が強い。飼い主はインラインスケートや自転車で並走するのがいちばんだ。ただし視覚ハウンドは長距離ランナーではないので、ダッシュしたあとはいったん通常の歩くペースに戻すこと。

ワーキング・グループは、その名のとおり働く犬だ。人間が狩猟・採集の生活を脱し、定住するようになったことで役割が生まれた。体格や力の強さに応じて、護衛や救助にあたったり、重たいものを引っ張ったりする。牽引力《けんいんりょく》に優れているので、散歩のときもカートを引かせるといい。そうすることで、犬は自分が価値ある存在で、役に立っていることを確認できる。

ハーディング・グループは、ほかの動物の動きをコントロールしたいという本能を持つため、牧畜に最適だ。うちには羊も牛もいない？　ご心配なく。このグループの犬種はアジリティがとても得意だし、フリスビードッグの世界チャンピオンはなぜかハーディング・グループのことが多い。

テリア・グループは、ネズミなどの小動物の巣穴にもぐりこんで仕留めるためにつくられた。身体は小さいものの、ワーキングやハーディングの犬種から改良されていてとても精力的なので、これらのグループと同様の扱いが適している。

トイ・グループもともとは小動物を狩るために改良されたようだが、すぐに愛玩《あいがん》犬としての役割が定まった。裕福な女性がハンドバッグにティーカップ・プードルを入れて歩く姿は、昔からおなじみだ。小さな顔につぶらな瞳のトイ・ドッグは、あどけない姿かたちの動物をかわいがりたいという人間の欲求を満足させてくれる。トイ・グループは、ほかのグループのいろんな犬種をかけあわせてつくられているが、特定の仕事や役目をこなすわけではない。だからこそ、動物であることを肝《きも》に銘《めい》じ、犬らしく過ごせるよう配慮する必要がある。かわいいからとあちこち連れ回したり、リードをつけずにいるのは、犬のためにならない。バッグから出してリードを着け、自分の足で歩かせよう。

　最後の**ノンスポーティング・グループ**は、これまでの分類に入らない「その他大勢」だ。プードル、ブルドッグ、ボストン・テリア、ビション・フリーゼ、フレンチ・ブルドッグ、ラサ・アプソ、シャー・ペイ、チャウチャウ、柴、ダルメシアンなどがこのグループに属する。どんな活動をさせるかは、六つのグループの中から犬種に最も適したものを選べばよい。

犬の種類がこれほど増えたのは、さまざまな仕事をさせるためだ。したがってどんな犬でも、散歩などの運動は欠かせない。この本では、犬に運動をさせながら、飼い主との絆《きずな》をいっそう深められるアイデアを紹介していく。また本能がらみで問題を抱えた犬をリハビリする方法も提案する。

〈原理　その6〉

大切なのは鼻、目、耳の順序

本能で生きている犬にとっては、自分の感覚こそが現実世界のすべてだ。**犬の感覚で最も強いのは嗅覚、次に視覚、聴覚と続く。**子犬のときに発達するのもこの順序だ。犬は世界のほとんどを鼻で知ると言ってもいい。人間の場合は視覚が先に来て、嗅覚はいちばん最後なので、つい犬も同じだと考えがちだ。しかし群れのメンバーかどうかに関係なく、犬は嗅覚の生き物だということを覚えておいたほうがいい。

犬は一万年、ひょっとすると二万年も前から、人間には身近な存在だった。だから初めての犬に対して、人間と同じような接し方をついしてしまう。この本を読んでいる人もきっと経験しているはず。新しく犬を飼い始めた友人を訪ねたら、あなたはどうする？　玄関を開けてすぐ、「やあ！」と声をかけて犬の頭をなでるにちがいない。しゃがんで顔をなめさせることだってあるだろう。だって、そこにいるのに知らんぷりを決め込むのは失礼じゃないか！

だが実は、初対面の犬を無視するのは失礼どころか、むしろ相手に配慮した思いやりのある態度だ。なわばりに入ってきた人間が敵なのか、それとも味方なのか、犬には判断がつかない。バランスの取れた犬であれば、パック・リーダーの様子を観察してその対応に従う。それと同時に、自分の感覚を総動員して相手を評価しようとする――もちろん鼻、目、耳の順序で。

ということで、まずは足に鼻先を近づけて匂いを嗅ぐ。こうすることで相手の匂いを知り、相手のエネルギーを感じ取る。初対面のこの儀式のあいだは「触れず、話さず、目を見ない」のが鉄則。犬のやり方、犬の領域を尊重して、相手を探る時間を与えよう（第二章五七ページ参照）。

犬の原理は、初めて会ったときから日々の暮らしまで、人間と犬の接触すべてに関わってくる。散歩のときの犬の反応にも注意を向けてみよう。変わった匂いに触発されて、身体やエネルギーに変化は起きていないか。どんな風景や音に強く反応するか。細かく観察すれば、多くのことがわかるはず。自分の犬を深く知り、世界のとらえ方を理解することは、良きパック・リーダーへの第一歩だ。

〈原理　その7〉
パック内の立ち位置を認めてやる

パックに属する犬の配置は、前方、中盤、後方のどれかだ。犬の取るべき位置はあらかじめ決まっている。弱い犬は後方にいるし、支配力がある犬は中盤に陣取る。パック・リーダーはかならず前方だ。

パック内のどの位置にもはっきりした役割がある。食べ物や水を見つけ、危険からパック全体を守るために、それぞれの配置についた犬が力を合わせる。リーダーを含む前方の犬は、パック全体が向かう方向を決め、正面から迫る危険を回避する。後方

▲ パック・リーダーはつねにいちばん前、ほかの犬はリーダーの真横か後ろにつく。

は背後からの危険を察知してほかの犬に知らせなくてはならない。中盤は前方と後方のあいだで連絡・調整役を務める。

どの役割も不可欠だ。前方の犬がいないと、パックは進むべき方向がわからなくなる。後方の犬がいないと、背後から迫る危険を察知することができない。中盤の犬が連絡をしてくれないと、前方と後方は情報が届かずに切り離されてしまうだろう。

犬のパック・リーダーは、暗くて不気味な森の向こう側に水場があるとか、獲物がいることを匂いで察知する。けれども後方の犬たちには、暗くて不気味な森があることしかわからない。警戒して吠え始めるのも当然だろう。そこで中盤の犬が、前方からの冷静なエネルギーを受け取り、おびえる後方に伝えることで、動転した後方を落ち着かせてやる。そのとき背後から大きな脅威が近づいていたら、後方の犬たちは興奮して騒ぎ続けるだろう。それを感知した中盤は、今度は前方に異常事態を知らせる。するとパック・リーダーは、群れ全体に回れ右をさせて防御態勢に入るのだ。

エネルギーを伝えあい、序列を決めることで、パックはひとつのまとまりとして機能する。犬はパック内での自分の立場をわきまえており、それを飛び越えるようなふるまいはしない。後方に収まっている犬が中盤や前方をねらうことはない。前方の犬も、持ち場を放棄して後ろに下がることはしない。ほかの犬から押し出されることもなくはないが、それはたいてい、情緒不安定になって前方の役目を果たせなくなったときだ。

自分の犬がパック内でどの役割を果たすのか。それを知ることは、責任ある飼い主の務めだ。適切な立場は、犬のエネルギーとボディランゲージから判断できる。役割がわかったらそれを尊重し、人間の都合で変えてはいけない――というより、変えることは不可能だ。それは犬のおきてに反する。犬は社会性の強い動物で、リーダーとそれに従うメンバー（フォロワー）で群れをつくるのが本来の性質だ。中盤や後方の犬をリーダーに据えようとしても、犬はバランスを崩すだけだ。

パック・リーダーの素質を持つ犬はきわめて少ない。ほとんどの犬は、育て方をまちがえさえしなければ、リーダーにはなろうとしないものだ。それを人間が誤解して、無理にリーダーにしようとしたり、適役の犬をあえてリーダーの地位につけなかったりすることは、自然に反する行為だ。その結果は犬だけでなく、飼い主にとっても残念なことになるだろう。

〈原理　その8〉

穏やかで従順な犬は飼い主がつくる

これまで見てきた七つの原理はすべて、犬が穏やかで従順なエネルギーを持てるようにするためのものだ。その具体的な方法は次章で掘り下げていこう。ただ忘れないでほしいのは、すべては飼い主次第だということ。犬は飼い主からの指示を待っている。犬が持つべき**穏やかで従順なエネルギーの源は、ほかならぬ飼い主にある**のだ。飼い主が不安だったり、神経質だったり、過度な興奮状態にあったり、怒りや不満を抱えていたら、ネガティブなエネルギーがそのまま犬に移ってしまう。飼い主がルールをその場しのぎで変えたりすれば、犬は飼い主を試すような行動をするだろう。反対に、つねに穏やかで毅然としたエネルギーを放ち、教え方やルールにブレがなければ、犬は飼い主を信頼し、指示されたことを忠実に守る。

穏やかで毅然としたエネルギーは、どうすれば自分のものにできるのか？　自信のない人は、頭の中で散歩風景を思い描いてみよう。このとき犬はリードを引っ張って先を急いだりせず、あなたのぴったり横か、ちょっと後ろを歩いているとしたら？　あなたはどんな気持ちになるだろう。犬とあなたにとって、散歩が最高に楽しい時間になることが想像できるだろうか。

犬といっしょに瞑想《めいそう》するのも、気持ちを穏やかにするひとつの方法だ。地面に座る、あるいは横たわった状態で、片手を犬の胸に当て、もういっぽうの手を犬の腰あたりに置く。そして犬の呼吸に神経を集中させ、自分の呼吸を同調させていこう。これを

▲ パック・リーダーとしての自覚を持てば、犬たちは自然とついてくる。

数日間続けると、今度は犬のほうがあなたの呼吸に合わせてくる。そのとき、あなたと犬の気持ちが通いあっていることが実感できるはずだ。犬でも人間でも、瞑想はざわつく心を静めるのに効果がある。

いずれにしても、世に氾濫《はんらん》する情報に振り回されてはいけない。よけいな思い込みは抜きにして、ともかくやってみること。うまくいったと思える瞬間があったら、それを足がかりにひとつずつ進んでいく。成功の瞬間を積み上げていけば、揺るぎない自信が生まれ、多少の失敗があっても落ち込まなくてすむ。穏やかで毅然とした心を持ち、犬との関係をバランス良くしたいのは、あなただけではないということ。犬のほうも、それを心から望んでいることを覚えていてほしい。

〈原理　その9〉
パック・リーダーは自分だ

すべてはこの原理に尽きる。飼い犬の悩みのほとんどすべては、リーダーシップ不足が原因だ。犬は社会性が強い動物で、群れをつくり、リーダーに残りのメンバーが従う。もし野生の群れでリーダーが不在になったら、別の犬がリーダー役を引き受けて群れを立て直そうとするだろう。しかし人間の家庭で暮らしている犬の場合、リーダー不在は精神状態のアンバランスを引き起こし、自分の欲求を何とかして満たそうと、不安や破壊、無駄吠え、攻撃といった問題行動に出てしまう。

人間にたとえるとこんな感じだ。ある日突然、自宅から連れ去られる。着いたところはホワイトハウス。シークレットサービスが、「今からあなたが合衆国大統領だ。

▲子犬が穏やかで毅然としたエネルギーを最初に受け取るのは母犬からだ。

がんばって」とだけ言い残して去っていった。具体的な指示はいっさいなし。新任の大統領は、おそらく二日以内に致命的なミスを犯すだろう。強力なリーダーのいない犬もそれと同じだ。

だが犬の飼い主には、愛犬を甘やかすだけ甘やかして、規律を教えるとか、良くない行動を矯正するのは「意地悪」だと考える人が多い。適切な指示を与え、守ってやるというパック・リーダーの務めをおろそかにして、五歳児にやるように理屈で諭《さと》そうとするのだ。

だが犬は本能だけで生きている。知的なレベルでの働きかけは通用しない。

「ベラ、お母さんが怒ってるのはね、大切なものをおまえにかじられたからよ。もう二度とやっちゃだめ」と言われても、ベラは困ったような表情でこちらを見つめるだけだ。では子犬が悪さをしそうになったとき、母犬ならどうする？　エネルギーとアイコンタクトと接触で、単純明快なメッセージを発信するだろう――やめなさい。

パック・リーダーは、穏やかで毅然としたエネルギーでパックの行動をコントロールする。感情的で神経質なエネルギーを発することはない。では穏やかで毅然としたエネルギーとは、いったいどんなもの？　それを感じるには、尊敬できる人を思い浮かべて、その人物になりきってみるといい。大好きな先生や、歴史上の人物、アニメのヒーローでもいい。なりきるだけで、自分のしぐさや動きが変わってくるはずだ。クレオパトラやアーサー王が、だらしなく背中を丸めたりするだろうか？　そんなバカらしいことはできないという人は、静かな自信に満ちた犬の動きを観察するといい。耳をぴんと立ててまっすぐ前を向く姿は誇りにあふれ、強い意志が感じられる。

このなわばりは自分たちのものだと主張することは、パック・リーダーの重大な役目のひとつだ。飼い主もまた、ここは自分の家だと決然と主張しよう。そうすれば犬のほうも、ここは飼い主の空間だと了解して、飼い主の立場を尊重するようになる。

さらに、食事の前に散歩に行くことで、労力を使わなくては食べ物はもらえないし、かわいがってもらえないと教えよう。穏やかで従順な状態になるまで、食事も散歩もお預けになるというのは、犬にとって心理的な労力だ。

パック・リーダーの最も重要な仕事は、パックの状況を正しく把握し、メンバーの欲求を知ること。「ルール・境界・制限」が正しく機能する構造的な環境を整えて、その欲求を満たしてやることだ。「支配」は悪いことではない。リーダーになりたくない犬が大多数なのだから、人間がリーダー役を引き受けてくれればきっと感謝するはずだ。

この章で紹介した原理は、飼い主の心や意思のありかた、エネルギーに関するものから、犬の世界認識まで内容が幅広い。これらの原理は、犬と人間がいっしょに生きていくための土台のようなものだ。土台がしっかり固まったところで、次章からは実用的で効果ばつぐんのテクニックを紹介しよう。犬たちをバランスの取れた幸福な状態にするために、僕自身が日々実践しているものばかりだ。

4 パック・リーダーのための実用テクニック五つ

強いパック・リーダーに変身するまでの道のりは、千差万別だ。長い長い旅になる人もいれば、そこの角を曲がるぐらいの人もいる。それでも最初の一歩はみんな同じ——犬のありのままを見ることだ。そこで役に立つのが、「犬のおきて」と「犬の原理」だ。ここでは、これらの基本原則を実際のテクニックに応用していこう。

バランスの取れた人生を実現するうえで、知識はひとつの要素に過ぎない。情報をたくさん取り込むのはすばらしいことだが、大切なのはそれを活用して飼い主と犬が生きていく枠組みを定めること。この章で取り上げる五つのパック・リーダー・テクニックは、とてもシンプルなものだが、あなどってはいけない。「犬のおきて」「犬の原理」という強固な土台に根ざした威力ばつぐんのツールであり、ここからあなたと犬の世界は大きく変わっていくはずだ。

〈パック・リーダー・テクニック　その1〉
穏やかで毅然としたエネルギーを放つ

犬の世界ではエネルギーがとても大きな意味を持つ。だから愛犬を幸せで健康な犬にしたいなら、飼い主は自分が出すエネルギーに気を配る必要がある。穏やかで毅然としたエネルギーを出すことが、パック・リーダーの基本条件のひとつだ。有名人では、たとえば人気司会者のオプラ・ウィンフリーや、オリンピック競泳選手のマイケル・フェルプスがそんなエネルギーを発している。二人とも自信にあふれ、自分をコントロールできており、冷静で、強力なリーダーシップを発揮している。

犬が出すべきエネルギーは、パック・リーダーのエネルギーと同じではない。パックの一員としてリーダーに従う立場なので、穏やかで従順なエネルギーを持っているのがいちばん自然な状態だ。そんなときは全身がリラックスしていて、耳は後ろに倒れていて、飼い主の命令に素直に従う。

生まれた子犬が最初に受けるのは、安心と安全を与えてくれる母犬の穏やかで毅然としたエネルギーだろう。パック・リーダーが発するのも、母犬と同じ種類のエネルギーだ。何かあっても最後は従順なエネルギー状態に戻ることで、パックのバランスが保たれる。ほとんどの犬はリーダーではなく、パックの一員としてリーダーに従うタイプであることを覚えておこう。

穏やかで毅然としたエネルギーを発する人間と、穏やかで従順なエネルギーの犬であれば、自然なバランスができあがり、犬は安定と幸せを手に入れることができる。だが人間がリーダーになってくれないと、犬はパックの不安定な状態を解消するために、パック・リーダーの役割を補おうとする。困った行動はここから始まる。

パック・リーダーの立場を確立するには、穏やかで毅然としたエネルギーをつねに

お客様ご意見カード

このたびは、ご購入ありがとうございます。皆さまのご意見・ご感想を今後の商品企画の参考にさせていただきますので、お手数ですが、以下のアンケートにご回答くださいますようお願い申し上げます。(□は該当欄に✓を記入してください)

ご購入商品名　お手数ですが、お買い求めいただいた商品タイトルをご記入ください

■ 本商品を何で知りましたか（複数選択可）

□ 書店　□ amazonなどのネット書店（　　　　　　　　　　）
□「ナショナル ジオグラフィック日本版」の広告、チラシ
□ ナショナル ジオグラフィックのウェブサイト
□ FacebookやTwitterなど　□ その他（　　　　　　　　　　）

■ ご購入の動機は何ですか（複数選択可）

□ テーマに興味があった　□ ナショナル ジオグラフィックの商品だから
□ プレゼント用に　□ その他（　　　　　　　　　　）

■ 内容はいかがでしたか（いずれか一つ）

□ たいへん満足　□ 満足　□ ふつう　□ 不満　□ たいへん不満

■ 本商品のご感想やご意見をご記入ください

■ 商品として発売して欲しいテーマがありましたらご記入ください

■「ナショナル ジオグラフィック日本版」をご存じですか（いずれか一つ）

□ 定期購読中　□ 読んだことがある　□ 知っているが読んだことはない　□ 知らない

■ ご感想を商品の広告等、PRに使わせていただいてもよろしいですか（いずれか一つ）

□ 実名で可　□ 匿名で可（　　　　　　　　　　）　□ 不可

ご協力ありがとうございました。

郵便はがき

料金受取人払郵便

葛西局承認

6130

差出有効期間
令和4年12月31日
まで（切手不要）

1 3 4 8 7 3 2

（受取人）
日本郵便　葛西郵便局私書箱第30号
日経ナショナル ジオグラフィック社
読者サービスセンター 行

お名前　フリガナ	年齢	性別 1.男 2.女
ご住所　フリガナ □□□-□□□□		
電話番号 （　　）	ご職業	
メールアドレス	@	

●ご記入いただいた住所やE-Mailアドレスなどに、DMやアンケートの送付、事務連絡を行う場合があります。このほか、「個人情報取得に関するご説明」（http ://nng.nikkeibp.co.jp/nng/ p8/）をお読みいただき、ご同意のうえ、ご返送ください。

漂わせなくてはならない。初めての犬が自宅にやってきたら、たいていの人はなでたり触ったりするわ、甲高い赤ちゃん言葉で話しかけるわ、大騒ぎで出迎えるだろう。つまり犬は興奮した不自然なエネルギーを浴びせかけられる——ほしいのは、母犬のような穏やかで毅然としたエネルギーなのに。人間に世話をされる子犬が聞かん坊になるのはそのせいだ。

四歳のピットブル、ジュニアは子犬のときからずっと僕といっしょだ。犬のリハビリやレスキュー活動、飼い主への指導で世界を飛び回り、飛行機で移動した距離は三二万キロにもなる。僕がジュニアに話しかけることはほとんどないけれど、僕が望んでいることはちゃんとわかっている。ニューヨークに滞在中、夜の散歩に出るときは、リードを使わなくても、ジュニアはぴったり僕の足元に寄り添って歩く。その様子を見て、まわりの人たちは「しつけが行き届いている」とびっくりするのだ。音や光がにぎやかなマンハッタンでも、ジュニアは僕の横にくっついて、僕の動きに神経を集中させている。

去年の夏も僕はジュニアを連れてニューヨークを訪れた。裕福な女性クライアントからせっぱつまった電話がかかってきたのはそのときだ。彼女はパリスという名前のエアデール・テリアを飼っている。パリスの一〇回目の誕生日を祝うため、高級ビーチリゾート、ハンプトンズで盛大なパーティを開く予定だ。ところがパーティの三日前からパリスはすっかりおびえてしまい、ダイニングルームのテーブルの下にもぐったまま出てこなくなった。「パーティは翌日に迫っているのに、どうしたらいいの?」ただならぬ状況に、ジュニアと私は現地を訪ねることにした。

　パリスのエネルギーは恐怖で一色になっていて、それが攻撃性につながっていた。クライアントの屋敷に足を踏み入れた瞬間、ジュニアは危険な空気を察知したようだった。私は一歩下がった。ジュニアは私の意図を理解して、テーブルの下に入っていった。一五分後、ジュニアといっしょにパリスが出てきた。今度は私がパリスの不安や恐怖を取り除いてやる番だ。ジュニアが誕生日パーティに招待されたことは言うまでもない。

▼〈実用テクニック〉 自分のエネルギーをどうやって変えるか

パック・リーダーの役割を飼い主がきっちり果たしているか。犬は飼い主のエネルギーでそれを判断する。飼い主のエネルギーは、良くも悪くも飼い主自身の心と身体の状態、それに意思を映し出す。穏やかで毅然としたエネルギーのときは、物腰が自信にあふれ、背筋がまっすぐで、歩き方も堂々としている。知りたいことが情報としてぴたりと入ってくるので、ためらいも迷いもない。

ではあなた自身と周囲のエネルギーを確かめるために、ポジティブとネガティブという両極端な状態に注目して次のエクササイズをやってみよう。

《ポジティブ・エネルギーを見きわめる》

1

パートナーの前に立ち、人生でいちばんポジティブになれたときのことを考える。幸せがいっぱいに広がっていく感覚を想像して、そのエネルギーを感じてみよう。目を閉じてもいい。ほんの一、二分でいいので、このポジティブな精神状態を自分の中に留めておく。

2
ポジティブな精神状態に応じて、身体がどう変化していくか観察する。両腕、胸、肩、顔の表情、それに呼吸はどうなっている？

3
パートナーもあなたの変化に気づいていたら、それをまねしてもらう。エネルギーには伝染力があるので、パートナーのまねを見ることで、ポジティブな思考で頭がいっぱいになる。

4
エネルギーを変えるには、まず自分のエネルギーを意識しなくてはならない。このエクササイズであなたが生み出したポジティブな状態を、数時間後、あるいは数日後に再現してみる。気持ちが乗らなくても、ポジティブな方向に心身を方向づけしていけばエネルギーの質が変わってくる。

《ネガティブ・エネルギーを見きわめる》

1
心が沈んでいるとき、怒りや不満がくすぶっているときの自分を想像する。一、二分間、そのままの精神状態を保っておく。

2

ネガティブな精神状態に応じて、身体がどう変化していくか観察する。両腕、胸、肩、顔の表情、それに呼吸はどうなっている？

3

パートナーもあなたの変化に気づいていたら、それをまねしてもらう。ポジティブなエネルギーと同様、ネガティブなエネルギーにも伝染力があるので、パートナーのまねを見ることで、ネガティブな思考や恐怖、不安で頭がいっぱいになる。

4

深く息を吸い、エクササイズの前半で体験したポジティブな状態を再現してみる。力がみなぎり、頭が冴《さ》えわたり、幸せな状態を一、二分間保ってみる。ポジティブな状態とネガティブな状態を、自分でコントロールできることを認識する。

このエクササイズを、犬をそばに置いてやってみてもいい。あなたのエネルギーが変化すると、犬はどんな反応を示す？　パートナーは自分の子どもや配偶者でもかまわない。パートナーが見つからなければ、鏡を前にやってみてもいい。自分のエネルギーがほかの誰かに直接働きかけることを確認できれば、エネルギーというものにもっと注意を払うようになるだろう。

〈パック・リーダー・テクニック　その2〉
運動・しつけ・愛情——この順序を厳守！

運動・しつけ・愛情。僕のトレーニング法を知っている人ならもうおなじみの言葉だが、この三つは順序がとても大切だ。けれども残念ながら多くの飼い主がやっていることは、一に愛情、二に愛情、三に愛情だ。その結果、バランスの崩れた犬ができあがる。

犬を散歩に連れていかず、運動不足にさせる理由はいろいろあるようだ。

「忙しくて毎日散歩に行く時間がないの……」

「うちの子は一日中庭で遊んでるから、散歩までする必要はない……」
「私の身体が不自由なもので、散歩に行けないんです……」
だが犬を飼うということは、犬の生涯のすべてに責任を引き受けること。**運動**は、飼い主がぜったいに果たさなくてはならない責任のひとつだ。

時間がないのなら、時間をつくろう。歩けない人は、散歩を代行してくれる業者に依頼するか、ドッグウォーカーを購入する。庭で放し飼いをしていても、散歩は必要だ。庭の中で走り回るだけでは動きにまとまりがないし、一か所に閉じ込められている状態は犬にとって自然ではない。ここで念を押しておくが、散歩は犬におしっこやうんちをさせることが目的ではない。

散歩で運動させる目的は二つある。ひとつは、ありあまる体力をメリハリのある自然な形で発散させてやること。散歩のとき、犬は群れで狩りをするときのように前方に神経を集中させ、周囲からの刺激を感じ取っている。また散歩は犬にとって、食べ物にありつくためのひと仕事という意味もある。もうひとつの目的は飼い主と犬の絆を深めることだが、それについてはこの章の後半でくわしく説明しよう。

二番目の**しつけ**に関しては、否定的に解釈して拒絶反応を示す飼い主もいる。けれどもしつけは「懲罰」では決してない。正しい定義は、ルールを守って行動するようトレーニングすることだ。飼い主と犬がルールに従って力を合わせて行動できるようになること、それがしつけの狙いである。

犬のしつけでいちばん大切なのは、飼い主が求めたときにすぐ穏やかで従順な状態になれること。そのためには、充分な運動で犬の体力を使っておくことが近道だ。やはり運動あってのしつけということだ。身体を動かして疲労した犬は、休息へと気持ちが傾いているので、元気なときより従順だ。

散歩でよく身体を動かし、飼い主の命令に従って穏やかで従順なエネルギーになった。犬をかわいがるのはここから。食べ物を与えるのも、このタイミングが最適だ。散歩で運動したのも、ルールに従うのも、食べ物をもらうための仕事だからだ。おやつをやったり、なでてやってもいいが、穏やかで従順なエネルギーに変化が起こりそうだったらただちにやめる。ごほうびとして遊びの時間を設けても、過剰に興奮したり、攻撃性が出てきたら中止しよう。

運動としつけについては指導する機会がたくさんあるが、犬を**かわいがる**ことについては、飼い主に話をするまでもない。だからこそ、「運動・しつけ・愛情」の順序をつねに意識して守ってほしい。

〈パック・リーダー・テクニック　その3〉
ルール・境界・制限を設定し、実行する

犬がこの瞬間を生きていることを理解し、犬の五つのおきてと原理を学び、穏やかで毅然としたエネルギーを漂わせることもできるようになった。さて、この先は？パック・リーダーとしての地位を固める最終段階が、愛犬に**ルール・境界・制限**を設定し、いつどんなときでも実行することだ。それはあなたの犬の心に驚くほどの変化をもたらす。

野生の群れでは、生まれてまもない子犬のときに母親からそういうことを教わる。どこに行くか、何をして遊ぶか、いつ食事をするかといったことを、動作と匂いで身体に叩き込まれるのだ。悪いことをしたら頭を甘噛みされるし、遠くに行きすぎたら首根っこをくわえられてねぐらに連れ戻される。母犬はどんなときも落ち着いていて、

感情をむきだしにしたり、いきりたったりしない。

　おとなの犬も、やっていいことと悪いことを知っておく必要がある。それを教えるのがパック・リーダーだ。少なくとも基本の命令である「お座り」「待て」「離せ」「来い」「伏《ふ》せ」は徹底させる必要がある。ただしトレーニングの最初は、言葉ではなくエネルギーと身ぶりを使う。最初に試すのは「お座り」がいいだろう。穏やかで毅然としたエネルギーを出しながら、わずかに前かがみになってみよう。多くの犬は自然にお座りをするはず。

　命令にちゃんと従った犬には、その性格を考慮しながらごほうびをあげる。おやつをあげてもいいし、ほめてやるのでもいい。トレーニングを重ねて、犬が命令にすぐさま応じるようになったら、言葉を加えてみよう。ただし言葉は「お座り」である必要はない。トレーニングさえすれば、「エンピツ」と言っても犬はお座りする。

　トレーニングの途中で、犬がよそ見やあくびをしたり、動きがそわそわしてきたら、注意力がなくってきた証拠だ。とくに子犬は成犬より忍耐力が長続きせず、すぐに退

屈したり、気が散ってしまう。そうなったらいったん中断しよう。

「お座り」と「待て」は、犬に境界を教えるうえで欠かせない命令だ。この二つで、犬が入れない空間や、越えてはいけない範囲を教える。特定の部屋に犬を入れたくないときは、戸口でお座りと待てをさせる。それでも入ろうとしたら、ボディランゲージを使って阻止する。ただし一度決めたらブレないこと。あるいは飼い主が「よし」と言ったときだけ、入れることにする。

家から外に出るとき、そして戻ってくるとき、最初に戸口をくぐるのは飼い主だ。ここでも犬を座らせ、待たせておいて飼い主が先に入り、犬に入ってよいと許可を出す。そうすることで、この空間の所有者は飼い主であり、ルールを決めるのも飼い主であることを犬は了解する。望ましい結果を得るためには待たねばならないこと、それを与えてくれるのがパック・リーダーであることもわからせることができる。

ほとんどの犬はリーダータイプではないし、パック・リーダーになりたいとも思っていない。しかしどこからも命令が来ない状態だと、何とかしてパックのバランスを回復させようとする。あいにくそんなときの犬は不安と不満を抱えているので、破壊的・攻撃的な行動になりやすい。犬は何をすべきか指示が必要な動物なのだ。そんなときは飼い主がルール・境界・制限を設定して強力なリーダーシップを発揮してやれば、犬は喜んで冷静さを取り戻し、従順になるだろう。

〈パック・リーダー・テクニック　その4〉
散歩を極めよう

飼い主と犬がともに参加できる活動のなかで、最も大切なのが散歩だ。散歩は犬にとって運動になるだけでなく、精神的な刺激も得られる。飼い主のほうは、パック・リーダーとしての地位を確立できる。散歩のときはリードを短く使って、首輪をぎりぎり上まで引き上げる。こうすれば犬が何かに気を取られても、リードをすばやく横に引くだけで注意を戻すことができる。

歩いているとき、犬は飼い主の横か後ろにつかせるのが正しい。飼い主の前だと、犬がパック・リーダーになってしまう。正しい位置を守らせる方法はいくつかある。まず、犬が飼い主より前に出たら、停止したり、方向を変えたりして、それ以上先に

▲ 散歩はジュニアと僕の大切な日課だ。

進ませないようにする。杖《つえ》などの長い棒を犬の目の前に立てて、決められた位置から出ないように教えてもいい。

散歩をするのは朝が最適だ。犬は起きたばかりで、活力がみなぎっている。それを適度に発散させるには、最低でも三〇分から一時間は散歩したほうがいい。ただし犬の年齢にもよる。老犬は一五分もあるけばへとへとになるだろうし、若くて元気いっぱいの犬は一時間半でもへっちゃらだ。病気などの問題がある犬は、獣医に相談して散歩の上限を決めよう。

散歩を始めてから一五分間は、よけいなことはしないでひたすら前進すること。あちこち嗅ぎまわったり、排泄《はいせつ》させるのは、そのあとのごほうびだ。ただしごほうびの時間が、歩いている時間より長くなってはいけない。

散歩を終えて帰宅するときも、飼い主のリーダーシップを示すことを忘れずに。最初に家に入るのは飼い主だ。犬は飼い主の許可を得てから入り、リードをはずしてもらうのをじっと待つ。犬はひと仕事終えたところなので、食事はこのとき与えるのが理想だ。

時間をたっぷりかけて散歩をさせることは、犬を運動させ、バランスを保つ唯一で最善の方法だ。また散歩は、飼い主がパック・リーダーとして存在感を示す機会でもある。だから一日に少なくとも二回は散歩に出て、犬の体力を発散させ、穏やかで従順な状態を保てるようにしてやろう。

犬のバランスを保つためのさまざまな方法を、いっぺんに試せるのが散歩のときだ。運動としつけだけでなく、かわいがることもできるし、ルール・境界・制限を定めたり、自然と触れ合ったりもできる。飼い主自身が犬のようにこの瞬間を意識して、自らのエネルギーを方向転換する練習にもなるだろう。飼い主と犬のどちらにとっても、散歩は豊かな実りを与えてくれる大切な時間なのだ。

〈パック・リーダー・テクニック　その5〉
犬のボディランゲージを読み取る

エネルギーに込められた感情や意思を、言葉を持たない犬がどうやってほかの犬に伝えているか。その手段のひとつがボディランゲージだ。犬どうしはおたがいのボディランゲージを本能的に理解するし、人間のボディランゲージも彼らなりに解釈している。だから犬のボディランゲージを見落としていると、コミュニケーションの行き違いが起こりかねない。

長く会っていなかった（人間の）友人と、ひさびさに会うことになった。待ち合わせ場所で相手に気づいた瞬間、背筋がしゃんと伸び、満面の笑顔になって駆け出すだろう。両手を大きく振って合図するかもしれない。そして正面から見つめ合い、抱き合ったり、力を込めて握手をかわしたりする。

よくある再会場面だ。正面から向き合って触れ合うのは人間どうしなら当たり前だが、それは感覚の中でも視覚と触覚が強いからだ。人間の世界では、アイコンタクトは相手に関心があり、注意を向けていることの表われだ。だから初対面のときも、正面からおたがいを見て、声に出してあいさつをするのが礼儀で、逆に相手の目を見ないのは失礼になる。

だが犬の場合、五感の中で視覚は二番目だし、触覚はさらに順位が下になる（第二章五五ページ参照）。初対面の犬どうしが人間と同じことをやったら、ケンカになるだろう。犬のボディランゲージの辞書では、相手の正面に立つこと、目を合わせること、声を出すことはすべて攻撃性を意味しているからだ。よく知っている犬でも、相手がそんな態度を取ったら、ケンカを売られたと解釈して攻撃に出るはずだ。

犬のあいさつ

散歩の途中でほかの犬と会ったとき、二匹の犬がどんな行動を取るかよく観察してみよう。友好的な関係であれば、犬はいちばん強い感覚――嗅覚――を使って「やあ」とあいさつするはずだ。正面からではなく、横や後ろからゆっくり近づいて匂い

▲ 犬は鋭い嗅覚を使って、相手のことを知ろうとする。

を嗅ぐ。そうやって、相手のエネルギーが敵対的でないことを確認するのだ。そのときの犬の姿勢やエネルギーの質、頭の高さや、耳と尻尾の状態をよく見ておこう。犬は頭、耳、尻尾の三か所でボディランゲージを表現するので、その様子で、犬が毅然としているか、攻撃性や支配欲にとらわれていないか判断できる。

もちろん犬種ごとの特徴も考慮しなくてはならない。耳がいつもまっすぐ立っている犬種もあれば、だらりとたれさがった犬種もある。それでもじっくり観察してみれば、耳が緊張しているときと、リラックスしているときが区別できるようになる。
尻尾も同じで、高く巻き上がっている犬種もあれば、尻尾のない犬種、さらには生まれてすぐ切られてしまう（不必要で残酷な処置だ）犬種もある。こうした犬では、尻尾の位置の高低を見分けるのは難しいので、かすかな動きを見落とさないようにしよう。
それでは、頭と耳と尻尾からどんなことが読み取れるのか、具体的に見ていこう。

穏やかで毅然としている

頭、耳、尻尾は直立しているが、全身に緊張は見られない。尻尾の振り方はゆっくりでリズミカル。すべての動きに神経が行き渡り、じっとしていることもできるし、目的をもって前進することもできる。パック・リーダーにふさわしいエネルギー状態だが、生まれつきこんな風にふるまえる犬はめったにいない。

穏やかで従順

耳は後ろに倒れ、尻尾は下がり気味のポジション。全身はリラックスしている。座

▲穏やかで従順なときの犬は、座るか伏せていることが多い。

るか伏せていることが多い。前足の先や地面にあごをのせているのは、最も従順なときだ。飼い主とアイコンタクトがあると、尻尾をゆっくり振ることもある。

攻撃的

穏やかで毅然とした犬の特徴がすべて出ているが、全身が緊張しており、後ろから引っ張られる力に逆らっているように見える。相手をじっと見つめて視線をそらさない。

唸る、吠える、歯をむきだしにするといったわかりやすい行動を見せることもあるが、それがないからといって油断していると、噛まれる危険がある。緊張したボディランゲージを見せている犬は、かまわずにひとりにしておく。尻尾を振っていても、友好的な態度だと勘違いしてはいけない。攻撃的なときは、尻尾を高くあげ、振り方も激しい。

恐怖と不安

犬は怖いとき、自分を小さく見せようとする。頭を低く下げ、耳を寝かせ、脚を折り曲げて前かがみになる。尻尾はいちばん低い位置になり、後ろ足のあいだに挟み込むこともある。尻尾を低くしたまま、激しく振ることもある。

怖がっているときに背中の毛を逆立てる犬もいる。自分を大きく見せて敵を威嚇《いかく》する行動だ。目を細めるのは、攻撃から目を守るため。上唇をめくりあげて歯を見せることもあるが、これは見た目の印象とは逆で、服従のしるしだ。

「私にかまわないで！」

エネルギーや気分に関係なく、犬は人間にかまわれたくないとき、くるりときびすを返して離れていく。だがここで後を追ってはいけない。犬の気持ちを尊重しなくてはならないし、パック・リーダーたる者、群れのメンバーの後追いをするものではないからだ。

顔をそむけてアイコンタクトを避けるのも、かまってほしくないときの表現だ。尻尾は上がっているものの、頭と耳の位置が定まらず、精神的に不安定であることがわかる。

身体をこわばらせて固まるのも、かまわれたくない証拠だ。動きを止めることで、自分の気配を消そうとしているのかもしれない。さらに犬が唇をめくりあげて唸ったりすれば、まちがいなく「ほっといてくれ！」というメッセージになる。

このように犬のボディランゲージを知れば、犬の訴えたいことを的確に理解してやれる。穏やかで毅然としたエネルギーも効果的に使えるので、犬の本能をうまく軌道修正して、こちらの望む行動に誘導できるだろう。

パック・リーダーの準備完了！

僕はどんな犬と接するときでも、犬のおきてと原理に忠実に従いながら、この章で取り上げたテクニックを実践している。基本的な姿勢を決めたら、それを変えないこと。それが犬と飼い主のどちらにとっても有益だ。あなたがパック・リーダーの務めを立派に果たせば、愛犬は穏やかで従順なエネルギーに満たされ、良好な関係が築けるはずだ。

⑤ 問題行動はこう対処する——一〇の実践例

犬の困った行動には、突発的なものと習慣になっているものがある。愛犬の困った行動がちっともおさまらなくて頭を抱えている飼い主は、一度自分自身を振り返ってみよう。自分は犬の欲求をちゃんと満たしてやっているだろうか。パック・リーダーとして、犬を正しく導いているだろうか。この章ではそんな悩みと解決策を紹介しよう。

犬の行動が突発的に変化したときは、何かを伝えようとしている証拠だ。まずは犬の様子をじっくり観察してみよう。その問題行動は、今回が初めて？　何かパターンのようなものはない？　犬の性格を考えると、ふつうならとてもやりそうにない行動だったりする？

たとえば、ふだんは家の中ではおしっこもうんちもしない犬なのに、ある日帰宅したらカーペットに粗相していた……。そんなときは、日課の散歩をサボらなかったか、最近食事の内容を変えなかったか考えてみる。これといって思い当たる原因がなく、問題の再発もなければ、心配はいらない。けれども週に何回か繰り返されるようになったら、解決に向けて動き出す必要がある。

まず考えるのは、病気の可能性だ。ある犬は室内飼いのしつけができていたのに、急に家の中でおしっこするようになり、診察を受けると膀胱炎《ぼうこうえん》になっていることがわかった。激しく唸ったり、攻撃性を見せたり、あるいは触られるのをいやがるのは、身体に痛みがあるのかもしれない。食べる量が減ったり、水をやたらと飲むといった食事の変化が見られたら、すぐに獣医の診察を受けよう。

健康状態に問題がないとわかったら、次に考えるのは生活の変化だ。犬は変化にとても敏感。飼い主や家族が、毎朝家を出る時間がたった三〇分ずれただけでも、犬はそれを受け入れて慣れるまで時間がかかる。ただ運動・しつけ・愛情（第四章一〇四ページ参照）が充分にできていて、飼い主がパック・リーダーの役目をきちんと果たしていれば、変化にもすばやく適応できる。

この章では、ありがちな問題行動とその原因を考えていこう。そして、犬がバランスを取り戻すための解決策を紹介する。

具体的な話に入る前に、これだけは言わせてほしい。犬の困った行動のせいで家族が振り回され、日常生活に深刻な影響が出るようになったら、プロのドッグトレーナーや動物行動心理カウンセラー（ビヘイビアリスト）の助けを借りることも検討したほうがいい。彼らの専門的な知識と技能は、問題を理解し、行動を矯正する助けになるはず。病気やけがでもないのに攻撃的になった、周囲に危険が及びそうなほど食べ物に執着する、人間を噛んだ、あるいは噛みそうになった。そんなときは、迷わずプロに介入してもらおう。

☑ 〈問題行動　その1〉

ハイパーアクティブ

興奮して手がつけられない犬はどこにでもいる。家族が帰宅すると、ジャンプしたりくるくる回ったり。来客があると、飛びついたり家中を走り回る。散歩のときは鼻息も荒くリードをぐいぐい引っ張って進み、匂いを嗅ぐものはないか探しまわる。ドッグランに連れていくと、ドッグレースのグレイハウンドかと思うぐらい全速力で駆ける。これが「ハイパーアクティブ」な状態だ。

興奮しすぎてコントロールできない犬は、人間だけでなく自らも傷つける危険がある。ジャンプした勢いで床に激突して脚や腰を骨折するかもしれないし、爪で人をひっかくかもしれない。大型犬だと家具も人も簡単に倒されるだろう。パック・リーダーである飼い主は、犬に静かな自信を持たせ、穏やかで従順なエネルギーで満たしてやらなくてはならない。せっかく飼い主が帰宅して大喜びしているのに……と思われるかもしれないが、ほんとうは静かに座って出迎える犬のほうが、壁にぶつかるほど跳ね回る犬よりはるかに幸せなのだ。

ハイパーアクティブの原因

ハイパーアクティブは、体力がありあまっていることに加えて、愛情をかける方向がまちがっている犬に起こる。僕がこれまで見てきた例では、運動不足なのはもちろんだが、飼い主が良くない行動を正すどころか、知らず知らずのうちに助長してきた犬がとても多い。

人間は自分の感情を犬に重ねたがるので、飼い主が帰宅したとたんぴょんぴょん飛び跳ねる犬を見ると、とても喜んでいるのだなと思う。なぜなら人間は、ゲームに勝ったり、ひいきチームが決勝点を入れたとき、うれしくて思わず飛び跳ねてしまうから。楽しくダンスを踊っているときも、身体は勢いよく跳ねるだろう。

だから愛犬がジャンプしたりくるくる回ったりするのを見ると、飼い主もうれしくなって、「私もおまえに会いたかったよ！」と声をかけてしまう。つまり不安定な状態の犬に愛情と注意を向けているわけで、犬は「こうすればご主人は喜ぶ！」と学習するのだ。

ハイパーアクティブを克服する

犬の問題行動に対処する第一歩、それは無視することだ。犬が飛んだり跳ねたりしはじめたら、「触れず、話さず、目を見ない」（第二章五七ページ参照）を実践する。興奮状態にあるときの犬をけっして認めず、淡々といつもどおりの手順をこなしていく。そのうち犬は消耗して静かになってくるので、そうなったら初めて声をかけ、なでてやる。

来客のときも基本的に同じだが、この場合はお客へのトレーニングも必要だ。犬好きの人は、飼い主に失礼にならないようにという配慮も働いて、犬が興奮してもいやがらず、むしろ積極的に相手をしがちだ。そのため飼い主のほうから、犬のトレーニングのために、興奮しても無視してくださいとお願いしよう。

帰宅直後は、飼い主が自分のエネルギーを確かめる良い機会だ。犬は鏡のようにあなた自身を映し出す。もしかすると、飼い主が興奮しやすい性格なのかもしれない。すぐに頭に血がのぼり、大声を出したり、乱暴に歩き回ったり、ちょっとしたことでキレたりしていると、犬はそれがパック・リーダーの態度なのだと学んでしまう。

もちろん、運動で余分な体力を燃やすことも大切だ。長い距離をひたすら前進する散歩なら、健康的に体力を消耗できる。散歩中にハイパーアクティブになりやすい犬には、ウェイトを入れたバックパックを背負わせよう。神経がバックパックに集中するし、体力の消費も速くなる。

ハイパーアクティブには、犬の感覚で最も敏感な嗅覚に働きかける方法もある。たとえばラベンダーの香りは気持ちを穏やかにしてくれるが、犬も同じで、しかも人間よりはるかに効果が強力だ。かかりつけの獣医と相談して、興奮を静めてくれる最適な香りと、安全に嗅がせる手段を見つけよう。

ハイパーアクティブは、一見すると無害な行動にも思える。それでも長い目で見ると、穏やかで従順なエネルギーで過ごすことを覚えさせたほうがいい。ジャンプしたり、走り回ったりする犬が楽しそうに見えるのは、人間がそう感じているだけ。余った体力をまき散らすのではなく、ポジティブな方法で集中的に消費するほうが、犬にとってははるかに健康的で、幸せだ。

〈問題行動　その2〉
攻撃的になる

犬が攻撃的で困る——僕が受ける相談でいちばん多いのがこの悩みだ。ほかの犬や動物にだけ攻撃的になる犬と、人間にもつっかかる犬がいる。食べ物やおいしいおやつ、おもちゃを見たとたん、攻撃性をあらわにする犬もいる。

攻撃的になっている犬のボディランゲージはとてもわかりやすい。全身が緊張して、神経を相手に集中させ、唸ったり、吠えたり、歯をむき出したりする。近づいてくる相手に噛みつこうとすることもある。散歩のときなど、リードを力いっぱい引っ張ってほかの犬や人に挑みかかるので手に負えない。

犬の攻撃性は解決するのがやっかいな問題だ。完全に攻撃モードに入ってしまった

▲ 攻撃的な状態の犬は、リードにつながれていてもかまわず突進しようとする。

ら「レッドゾーン」だ。おいそれと引き戻すことはできない。野生の犬であれば、一度攻撃的になったら敵の息の根を止めるまで、ぜったいにおさまらない。

攻撃的な犬を飼っているとどうしても神経をとがらせてしまうが、これは逆効果。神経質な飼い主が不安を抱えていると、弱気のエネルギーとなって犬に伝わり、頼れるパック・リーダーがいないのだと思ってしまう。家族の誰かが犬を怖がっているようなら、すぐに専門家に相談しよう。人間やほかの動物がおびえていると、犬はそれを敏感に察知して、弱気のエネルギーにつけこもうとする。食べ物への執着が強すぎて家族を攻撃するような場合も、専門家の助けが必要だ。

攻撃的になる原因

犬の攻撃性は、欲求不満と支配欲が原因になっていることが多い。運動不足で体力を発散できないと欲求不満になり、リーダーシップを発揮できる人間がいないと支配欲が高まる。この事態を打開するために、暴れ回ろうとするのだ。「ルール・境界・制限」を与えられていない犬は、自分がどう行動していいかわからず、混乱し、恐怖を覚える（第四章一〇七ページ参照）。ほとんどの犬はリーダータイプではなく、パック・リーダーに従うことに喜びを感じるからだ。

人間や物を攻撃してしまう犬がいると、飼い主の家庭は悲惨なものになる。お客を招くどころか、子どもの友だちが遊びに来ることもできずに、息をひそめて生活する飼い主一家を僕もたくさん見てきた。ほかのペットがいる家では、攻撃的になった犬を部屋に閉じ込めたりしなくてはいけない。手をこまねいていると、そのうちほんとうに誰かが噛まれるだろう。家族の恐怖と不満は高まるばかりだし、犬のほうもますます図に乗ってしまう。さらにもう一度噛みつき事件が発生したら、犬を手放すことになりかねない。犬を家族から引き離すことなく、みんなが安心して暮らせるためには、攻撃的な犬のリハビリはとても重要な課題なのだ。

攻撃性を克服する

犬が攻撃的になる根本的な原因はいつも同じだ。だから解決策も同じ。攻撃的になる犬に対処するには、家族全員がパック・リーダーとしての自覚を持つことと、犬に一貫した「ルール・境界・制限」を課すことが大切だ。おまえには問題がある。おとなしい犬はおいしい思いをするし、自由にさせてもらえるが、おまえはその問題を直さないかぎり、同じようには扱ってもらえないぞ——一貫した態度で、そう教え込まなくてはならない。これはお仕置きではない。リハビリ中の犬の生活をシンプルなものにするための枠組みだ。とくに注意したいのは愛情を与えるとき。穏やかで従順なときしか、かわいがってはいけない。

ルールを決め、境界を定める。犬がソファに寝そべっていたら、床に座らせる。そんなことをしたらかわいそう？　大丈夫、犬は気分を害したりしない。新しいルールを決めても、なかなか守れないのはむしろ人間のほうだ。部屋を移動するときも、先に入るのはかならず人間だ。犬はいったん待って、人間のあとから入る。犬が先に行こうとしたら、くるりと向きを変えて反対側に歩きだそう。一時的に立入禁止の部屋を決めてもいい。家族全員がその部屋に犬を入れないよう徹底する。

攻撃性を矯正するリハビリ中は、犬が遊ぶおもちゃはすべて取りあげる。おもちゃは飼い主のものであり、犬が遊べるかどうかは飼い主の一存で決まることをわからせるためだ。犬は自分の持ち物が増えれば増えるほど、権力があると思いこむ。だから攻撃的な犬のまわりに、おもちゃや遊び道具を置いておくのは逆効果なのだ。

犬が鼻先で押したり、ひざの上に頭をのせたり、飛びついたりしてこちらの注意をそらそうとしても、徹底的に無視すること。「だめ」という言葉もなし。さもないと犬は自分の指示で人間が行動したと思うだろう。

攻撃的な犬のリハビリでいちばん大切なのは、しっかり運動させることだ。長い散歩ができれば理想的だ。体力がありあまっていることも攻撃性の一因なので、それを解消してやる。散歩だけでは不足だと感じたら、ウェイトを入れたバックパックを背負わせる。飼い主がインラインスケートをはいたり、自転車に乗るのもアイデアだが、かならずトレーナーの指導を受け、安全に配慮して行なうこと。

攻撃性の強い犬を散歩させるときは、群れの絆を強め、リーダーシップを確立することも重要なテーマになる。野生の犬は群れ《パック》で移動しながら水や食べ物を探し、なわばりを確保しようとする。遠くに行けば行くほど、食べ物にありつける可能性は高くなるし、なわばりも広くなるのだ。散歩は犬にとって群れの移動と同じ。飼い主が穏やかで毅然としたエネルギーを発しながら散歩の主導権を握れば、群れのリーダーになれる。攻撃的な犬ほど、リーダーからの指示を切実に求めているのだ。飼い主は犬をリードにつないでいるので、犬がよろしくない行動に出そうになったら直前に阻止することもできる。

犬は群れの動物だ。しかもほとんどの犬はリーダーではなく、リーダーに従うフォロワーの性格をしている。犬にとっては群れが円満な状態にあることが何よりも大切で、誰かが攻撃的な態度を見せようものなら、リーダー格の犬にたちまちお灸《きゅう》をすえられる。

私たち人間はそのことを忘れがちだ。誰もリーダーシップを発揮せず、手ばなしで犬をかわいがるばかり。強いリーダーに従いたいのに、それができない犬は不満をためこみ、望んでもいない役割に自分を押し込めて、目の前のものに挑みかかっていくのだ。だが攻撃性は解決不可能な問題ではない。飼い主が群れの中で安心できる居場所をつくってやれば、犬はとびきりの忠誠心と愛情でこたえてくれるだろう。

▼シーザーのケースファイル／テディ

九歳のテディは、イエローのラブラドール・レトリバーが入ったミックス犬だ。子犬のとき、スティーブとリサのカップルにもらわれた。活発で積極的な性格だったうえに、飼い主カップルが断固たるパック・リーダーの態度を示さなかったせいで、人間や動物を攻撃するようになってしまった。

テディのやりたいようにさせていたスティーブとリサだが、九年後に娘のサラが生まれると、赤ん坊が噛まれるのではないかと心配になってきた。ところがテディは、サラにだけは攻撃性を見せなかった。それはサラが生まれる前から、この家に新しいメンバーが増えること、そのメンバーはテディより立場が上であることをスティーブたちが態度で示していたからだ。おかげでテディは、サラがパック・リーダーであると認識した。残念なのは、スティーブとリサのことはあいかわらずリーダーだと思っていないことだ。

犬が攻撃的になったとき、ほとんどの飼い主は問題に真正面から取りくむのではなく、攻撃的になりそうな状況をあらかじめ避けようとする。犬が暴れて、手がつけられなくなったらどうしようと思うからだ。そこで僕はテディの意識をそらして、おとなしくさせる方法を実演した。スティーブとリサもやってみた。犬の行動をコントロールできることがわかると、スティーブたちは不安や恐怖心がやわらぎ、テディに対して毅然とした態度を示せるようになった。二人はパック・リーダーへの道を歩きだしたのだ。

☑〈問題行動　その3〉
不安

自分の身に危険が及びそうになったとき、動物が取る行動は二つにひとつ。戦うか逃げるかだ。「戦う」のが攻撃だが、「逃げる」ほうを選択することもある。恐ろしいことが迫ってきたとき、犬がおびえるのはごく自然な反応だ。けれども無害なものまで極度に怖がり、走って逃げ出したり、物陰にもぐりこんで出てこなかったり、激しく震えたりする犬がいる。恐怖のあまりおしっこやうんちを漏《も》らす犬もめずらしくなく、飼い主は後始末に追われる。そんな犬は、物が落ちたり、誰かが動いたりするだけでびくびくし、水に映った自分の姿を見てもおびえる。

怖がりの犬は、初めての状況に直面すると本能的に逃げ出そうとする。逃避したい欲求が強すぎて、身体が言うことを聞かなくなることもある。自然界では、そんな動物はあっというまにほかの動物の餌食《えじき》になるだろう。

極端に怖がる犬は、ときに危険な存在になる。強い脅威を感じた動物は、自分の生命を守る最後の手段として相手に飛びかかり、攻撃することがあるからだ。恐怖攻撃である。恐怖攻撃をするようになった犬に対して、人間はつい「かわいそう」と同情して、なぐさめてやろうとする。だが人間の感覚で誤った対応をすると、事態はさらに悪化する。

怖がりの犬と良い関係を築くことは、不可能ではないが、かなり難しい。大切なのは信頼だ。飼い主が対応をひとつ誤っただけで、犬が恐怖におびえるような関係では、おたがいに信頼しあっているとは言えない。不安におびえているときの犬は極度のストレスにさらされており、心拍数も呼吸数も上がり、全身をアドレナリンが駆けめぐっている。そんな状態が健康に良くないことは、犬も人間も同じだ。

不安になる原因

極度の不安と恐怖は、自尊心の低さから来ていることが多い。犬の場合、それは自分の立場に確信が持てないということだ。そうなる理由はいろいろある。たとえば、生まれてすぐに母犬から引き離された犬は、自尊心が低くなりやすい。鼻→目→耳の順番で世界を経験していく方法を母犬からきちんと教わっておらず、食事や身づくろいを学ぶお手本が身近にいなかった。悪いことをして、母犬にたしなめられた経験もない。子犬のときに虐待されたり、孤独な環境に置かれた犬も自尊心が持てない。このように犬の不安は、原因が子犬のころにあることが多いため、問題の根が深くて解決にも時間を要する。攻撃的な犬のリハビリでは、わずか三〇分で早くも変化の兆しが見られることがある。けれども犬の不安をなくすには何カ月もかかる。

不安を克服する

自尊心が低く、不安を抱えた犬を立ち直らせるには、群れ《パック》の力を借りるのがいちばんだ。ほかの犬といっしょにトレーニングを受けることで、不安な犬は少しずつ社会性を身につけ、どう行動するべきかを学んでいく。飼い主自身の姿勢や、犬への接し方まで指導してくれるトレーナーが見つかれば最高だ。

ほかの犬との触れ合いを通じて、自尊心が回復する兆しが見えてきたら、次の段階に進む。ここでお勧めなのがトレッドミルだ。一定のペースで歩かせながら、恐怖の引き金になる刺激にあえて触れさせる。刺激を与えられても反応しなくなれば成功だ。トレッドミルで歩いているとき、犬は前進することに全神経を集中させている。その状態で刺激を与えることで、逃げ出すのではなく、前進する行動へと条件づけを上書きするのだ。

トレッドミルを使ったトレーニングの次は、散歩に出て新しい刺激を与えよう。ここで大切なのは、飼い主以外の人間や、ほかの犬といっしょに行くこと。友人やトレーナーに協力してもらおう。自転車やスケートボードも通るような道を選び、いつもとちがう音や匂いがする場所に行ってみる。穏やかで毅然としたエネルギーの人間、それにバランスが取れて落ち着いた犬とともに行動していると、不安でいっぱいだった犬にも自信が芽ばえてくる。

ふつうならお勧めできない伸縮リードだが、このときだけは別だ。伸縮リードで飼い主とつながっていれば、不安におびえる犬も勇気を出して世界を探索することができる。怖くなったり、飼い主に呼ばれ

たらすぐに戻れるので安心だ。

怖がりで不安な犬は、アジリティ競技が得意なことが多い。達成すべき目標が明確で、そのことだけに集中できるからだ。最初は簡単な障害物から始めて、少しずつコースを伸ばしていこう。アジリティの世界チャンピオンを養成することがねらいではない。ささやかでも何か目標を達成させれば、犬は自信を深めていくはずだ。

家の外に出たときだけ不安が強くなる犬の場合は、嗅覚を利用する方法がある。犬にとって心地よい香りのラベンダーオイルなどを、飼い主の手に一滴落としてから食事をさせる。食事という楽しいことと、香りを関連づけるのだ。香りに慣れたら、今度は散歩に出かけるときにもオイルを手にたらしてからリードを握る。外を歩いていて、犬がパニックに陥りそうな状況になったら、すかさず手についた香りを嗅がせる。そうすることで恐怖の対象から気持ちをそらし、楽しい関連づけを思い出させることができる。

もし犬が恐怖におびえても、やさしく身体を叩いて「大丈夫だよ」などと言ってはいけない。穏やかで毅然としたエネルギーを発しながら、「触れず、話さず、目を見ない」を実践すること。飼い主はおびえた犬をなぐさめて不安や恐怖をやわらげようとするが、犬はむしろ、自分の行動が承認されたと解釈する。「大丈夫だよ」ではなく、「それでいい」と受け取るので、望ましくない行動がますます助長される。

恐怖は犬にとっても、人間にとっても強烈な感情だ。ただし、犬は自分の感情を合理的に説明できない。本能のままに攻撃するか、逃げ出すかのどちらかだ。野生の群れであれば、危険への対応は警護役の犬にまかせておけばいい。だが群れから離れてしまうと、自分の役割がわからずに途方に暮れてしまう。その心もとなさと、脅威となる刺激が結びついてしまうと、犬は自信を失ってパニックに陥る。これはかなり厄介な問題だが、どんなに憶病で不安症の犬でも、時間をかけて辛抱強く向き合えばかならずリハビリできる。

▼シーザーのケースファイル／ルナ

イエローのラブラドール・レトリバーとのミックス犬、ルナは一歳半。あれほど怖がりで、強烈な不安を抱えた犬は見たことがなかった。飼い主のエイベルがパサデナの保護センターからルナを引き取ったのは、自分の子ども時代と重なったからだ。メキシコ移民の大家族で育ったエイベルは、共働きの両親の代わりに弟妹の面倒を見ていた。自分が何をするべきなのか、行動の選択は正しいのか、いつも不安だったという。

エイベルは音楽教師、指揮者、フルート奏者として、自ら設立した非営利団体で子どもたちに音楽の楽しさを教えている。子どものころ抱えていた不安を、自分なりの形で克服したのだ。けれどもルナはそうはいかなかった。エイベルによると、ルナは動くもの、音を出すものを怖がるという。散歩のとき、自転車や自動車、スケートボードを見るとパニックになって、後先考えずに逃げ出そうとするのだ。

ある日、首輪がはずれたルナが道路に飛び出し、走ってきた自動車にひかれそうになった。ルナは道路の反対側に逃げて、幸いけがもなかったが、動くものを極度に怖がるあまり、かえって危険な目にあってしまった。それでもドッグ・サイコロジー・センターで二カ月みっちりリハビリを受けたおかげで、ルナはエイベルの仕事先にも同行して、大音響のオーケストラの演奏をおとなしく聞けるまでになった。

〈問題行動　その4〉

雷や花火の音を怖がる

自然が生み出す音のなかでも、雷鳴は迫力満点だ。空全体が爆発したかと思うような大音響がとどろいて、空気もびりびり振動する。雷に打たれる心配さえなければ、荒々しい力が奏でる音のドラマは聞いていていて胸が高鳴る。けれども犬にとっては、雷鳴はいちばん嫌な音のひとつだ。

突然の大音量を怖がる犬は多い。雷鳴のほかにも、花火、銃声、自動車のバックファイヤーを聞くと激しくおびえる。米国では、盛大に花火が打ち上げられる七月四日の独立記念日に、各地で犬が逃げ出す事件が起きる。

ふだんは穏やかで幸せな犬が、まるで別の犬になったみたいに雷鳴や花火におびえ、神経をとがらせる様子は見るにしのびない。しかも一度パニック状態になったら、なかなか元に戻ってくれない。やさしくするのはもちろん逆効果。恐怖の反応をかえって定着させることになる。

大きな音を怖がる原因

私たちは、雷鳴が自然現象であることを知っている。でも犬に限らず動物にしてみると、雷のようなすさまじい音は本能的な恐怖にほかならない。稲光との関連づけもできないので、隠れる場所も時間もない。頭の上から音がする状況は、敵に襲われるときにも似ている。

大きな音への恐怖を克服する

大音量が鳴ることはめったにないし、自然現象は予測がつかないので、恐怖反応をなくすことは簡単ではない。それでも大規模な花火イベントなど、日程がわかっているものについては事前に準備することができる。

まず音に慣れさせることから始めよう。花火、雷鳴、爆発音などのサンプルを用意して、犬が食事をしたり、遊んだりしているときに、小さい音量で再生する。犬が音に気を取られることなく機嫌よく過ごしていれば、翌日は少し音量を上げる。これを繰り返すのだ。

急に雷が鳴り始めたら、犬の神経を音からそらしてやる。お座りなどの姿勢を命じて、うまくできたらごほうびを与えよう。ウェイトを入れたバックパックを背負わせたり、トレッドミルに乗せて歩かせてもいい。雷鳴以外の何かに犬の注意が向けば成功だ。ラベンダーやマツといった、犬が喜ぶ香りを嗅がせるのも手だ。必要であれば、室内にいるときでもリードにつなぎ、飼い主のそばでじっとさせる。飼い主の穏やかで毅然としたエネルギーを近くに感じられるし、脱走防止にもなる。

雷鳴の前にはかならず稲光が現われる。ピカッと光ったら、穏やかで毅然としたエネルギーを保ちながら、「ほら、来るよ」と犬に話しかけよう。その後雷鳴がとどろいたら、力いっぱいかわいがってやる。これで大きな音と飼い主からの愛情が結びつくはずだ。

花火大会がある日は、昼間にたっぷり運動をさせて体力を消耗させておこう。いつもの散歩が三〇分ほどであれば、二時間にする。へとへとに疲れてしまえば、花火が始まっても気づかないことさえある。犬用の耳栓を使って音をやわらげるだけで、パニックが防げることもある。音にびっくりして逃げ出したときのために、名前や住所がわかる迷子《まいご》札はかならず着けておこう。マイクロチップを埋め込むのもお勧めだ。

野生の犬でも、大きな音に遭遇したら驚いて恐怖を覚え、逃げ出そうとする。だが飼い犬なら、体力を消耗させたり、注意をほかにそらしたり、少しずつ音に慣れさせることで、衝動的な反応を減らすことは可能だ。うまくいけば、夏の雷鳴や花火大会も平気で過ごせるようになるだろう。

☑〈問題行動　その5〉

脱走行動

脱走する犬には二種類ある。たまたまドアが開きっぱなしだったり、ゲートの鍵がかかっていないときだけ外に出てしまうタイプと、フェンスを飛び越えたり、地面を掘ったりして、積極的に脱走を試みるタイプだ。ドッグランに行くと、後者のタイプにたまにお目にかかる。帰る時間になって、飼い主に何度呼ばれてもどこ吹く風で、ほかの犬を追いかけまわしている。

だが自然界ならともかく、人間社会で犬が脱走すると、たちまち危険に直面する。迷子になったり、車にひかれてけがをしたり、最悪の場合は死んでしまうこともある。ほかの人に拾われても、名前や住所がわかるものがないと、二度と飼い主のもとに戻れないかもしれない。脱走癖のある犬は、自分が群れのリーダーだと思っているので、ふだんもコントロールがきかずに困った行動をすることが多い。

脱走する原因

犬の困った行動は、たいていリーダーの不在、精神的な刺激の不足、ありあまる体力が原因だ。脱走行動も例外ではない。飼い主が学校や職場に出かけて、犬がお留守番という状況はめずらしくないが、自然界では群れのメンバーが勝手にうろつくことなどありえない。獲物を見つけたら群れ全体に注意をうながし、全員で狩りを始めるはずだ。

脱走行動はどんな犬にも起こるが、ワーキング、ハウンド、ハンティングの各グループに属する犬種は、獲物を追いかける習性が強いので脱走しやすい傾向がある。

脱走行動を克服する

去勢や避妊は、犬の放浪癖を抑えるのに効果がある。とくにオスはそうだ。早い年

▲ 放浪や追跡が好きな犬は、隙間さえあればフェンスも平気でくぐってしまう。

齢で手術を受けておけば、ホルモンの分泌《ぶんぴつ》が妨げられ、交尾相手を探したり、なわばりを主張したりする欲求が薄れる。さらには家の中でのマーキングも減り、攻撃的な行動やけんかもなくなる。

次に、境界を設定する。部屋のすべての入り口に見えないバリアをつくるのだ。入り口は人間のものであって、人間の許可なしに犬は通れないことを学習させよう。

このトレーニングを始めるのは、散歩に出かける前が最適だ。このとき、犬は穏やかで服従した状態になっていなくてはならない。静かに座っている犬にリードを着ける。玄関の前まで歩かせたら、そこで一度座らせる。飼い主から明確な指示があるまで、外に出ることは許さない。散歩を終えて帰宅したときはその逆をやる。玄関のドアを開けるが、犬が先に入ることは許さない。これを散歩のたびに、一日何回でも繰り返す。犬を待たせる時間はいろいろ変えてみていいが、最初のうちは犬が完全に動きを止め、飼い主に神経を集中させるまでは次の行動に移らないほうがいい。

散歩中はリードを短く持って犬の頭を高く保ち、飼い主のすぐ横を歩かせる。地面に落ちているものをつついたり、嗅いだりしそうになっても、最初は無視して歩き続けること。犬がリードを引っ張ったりせず、飼い主にぴったりくっついて歩けるようになったら、一瞬だけ地面を嗅ぐことを許し、また元のペースに戻る。

四つ角で道を渡るときは、一度立ち止まる。できれば犬は飼い主の足元にお座りさせ、従順で穏やかなエネルギーになるのを待つ。かならず飼い主が渡り始めてから、犬が歩き出すようにさせる。最初のうちは、舗道の縁石を境界として認識できないかもしれないが、道路を横断するたびにやっていれば、飼い主が声で指示しなくても、犬は自分から立ち止まるようになる。

犬に境界を教えるときは、同時に「来い」ができるようにトレーニングしたほうがいい。ドッグトレーナーの用語では「リコール」とも言い、犬を呼び戻すことだ。これができれば、逃げる犬と追いかけっこをせずにすむ。犬を長いリードにつないで、できるだけ離れたところから呼ぶ。戻ってこなければ、リードをたぐって引き寄せる。また遠くに離れて犬を呼ぶ。これを何度も繰り返す。「来い」の一言で戻ってきたら、ほめたり、おやつを与えてやろう。

外に出るときは飼い主が許可するまで待つ――この行動が定着したら、今度は外に出たところで待てるようにさせよう。ここでも長いリードを使う。玄関そばの決められた場所にお座りさせ、飼い主はリードを持って離れる。犬が動こうとしたら、制して元の場所に戻らせる。最初の場所でじっとできるようになるまで、ひたすらトレーニングを繰り返す。どんな行動が期待されているのか理解できれば、犬は所定の場所でいつまでも静かにお座りを続けるだろう。

この「待機」行動は、いろんな場面で強化することができる。知らない場所を訪れて、そこにドアや門があったら、すぐに入るのではなく一度待たせる。自動車も同じで、飼い主の許可なしに勝手に乗り降りさせてはいけない。

脱走行動が激しい愛犬には、ＧＰＳ発信機を装着しておくのがお勧めだ。犬が決められた範囲の外に出たら、飼い主のスマートフォンやパソコンに通知が届き、現在位置を教えてくれる。

犬は群れをつくり、なわばりの中で生きる動物なので、本来ならば逃走や放浪とは縁がないはずだ。それでも運動不足だったり、しつけが足りなかったり、精神的な刺激が少なかったりすると、もっとおもしろい場所を求めるようになる。欲求が満たされ、バランスが取れている犬には逃げ出す理由がない。家を出入りするときのルールと境界をはっきり決めれば、玄関のドアが全開でも、犬は家でおとなしくしているはずだ。

▼シーザーのケースファイル／チュラ

二歳のメスの柴犬、チュラには典型的な脱走癖があった。玄関が開いていたらすぐ飛び出すので、飼い主のリタとジャックは気が気でない。追いかけると「ここまでおいで」とばかりに遊び始め、さらに遠くに行ってしまう。散歩のときもチュラはリードをぐいぐい引っ張り、視界に入るものを調べたり、追いかけたりする。家の中では、わが物顔で家具から家具へとジャンプする。

チュラの場合、問題点はすぐにわかった。リタとジャックは、チュラを週にたった一回しか散歩させていなかったし、家具からジャンプしても叱らなかった。柴犬はもともと猟犬で、小型の獲物を追い立てるのを得意とする犬種なので、明らかに本能的な欲求が満たされていない状態だった。チュラは甘やかされていて、家の中でも外でも王様のようだった。しかしリタとジャックが「ルール・境界・制限」をはっきり決めたことで、チュラの行動は改善され、玄関が開けっぱなしでも外に出なくなった。

〈問題行動　その6〉

☑執着

犬の執着と人間の執着はまったく別物だ。人間はよほど極端なことにならなければ、特定の趣味やあこがれの映画スター、ごひいきのスポーツチームに入れあげても日常生活に支障はない。それは自分の行動を客観的に眺めたり、合理的に説明したりできるからだ。けれどもそんな知的作業ができない犬は、執着にブレーキをかけられずに飼い主を困らせることになる。

犬の「執着」とは、特定の行動やものに神経が集中し、ほかのことが目に入らない状態を指す。光や影を追いかける、円を描くようにぐるぐる回り続ける、皮膚《ひふ》病でもけがでもないのに、自分の身体をずっとなめたり噛んだりする……こうした行動をやめさせるのは簡単ではない。

執着する原因

犬の執着行動には二つの原因が考えられる。ひとつは体力が余っていて発散できないこと。そのためへとへとに疲れるまで執着行動をやめないが、直すのは難しくない。やっかいなのはもうひとつのほう、つまり不安が原因のときだ。子犬のときにトラウマになるような出来事に遭遇したり、パニックを起こした経験があると、執着行動が現われることがある。せわしない執着行動は、強力なリーダーシップの不在を訴えている。不安をまぎらわせたくて何かに執着するのだが、その方法は不健全だし、ほんとうの安心感は得られない。

ときには不安が過剰なエネルギーを生み出して、執着の悪循環を加速させることもある。コーヒーでも飲んだのかと思うほど高揚して、あふれるエネルギーをもてあまし、執着の対象を探し回る。不安が募るとエ

ネルギーが過剰になり、エネルギーがありあまっているから執着行動をやめられず、さらに不安がふくらんでいくのだ。

暑い季節には、この悪循環は生命の危険さえも招く。犬がオーバーヒート状態になってしまうのだ。精神のアンバランスが、身体の不調につながる例だ。だが解決できない問題ではない。

執着行動を克服する

愛犬がバランスを取り戻して執着行動をやめるようにするには、まず原因を明らかにする。体力が余っているのか、不安を抱えているのか、あるいはその両方か。原因を突き止めて、最適な解決策を見つけよう。

体力が余っている場合は、長い散歩をするなどしてたっぷり運動させよう。執着行動をしそうになったら注意をそらし、穏やかで従順な状態に誘導してやる。裏庭をしょっちゅう掘り返す犬は運動不足だ。走ることが大好きでスタミナ充分の犬種には、ウェイトを入れたバックパックを背負わせる。インラインスケートや自転車で並走すれば、飼い主が疲労困憊《こんぱい》する前に犬を疲れさせることができるだろう。中におやつを仕込めるおもちゃで遊ばせるのは、頭の運動になる。執着行動から注意をそらすのに効果的だ。

執着が激しい犬のリハビリでは、問題行動が始まるなと思った瞬間に犬の気をそらす必要がある。それには散歩の時間を活用するのがいい。（散歩のときは執着行動がない？　それは良かった。リハビリ終了まであと少しだ）短いリードと、僕が開発したイリュージョン・カラーなどのトレーニング用首輪を装着し、犬が執着しそうになったら、リードを一瞬だけやさしく引き上げる。タイミングは早すぎても遅すぎてもだめ。ここぞという瞬間を見きわめよう。

地面に落ちているものに執着する犬は、頭を高く上げ、視線はまっすぐ前を向いて、飼い主といっしょに歩くように訓練する。頭を下げたり、まわりをきょろきょろしはじめたらリードを引き上げる。大切なのは、注意力が散漫になったらすぐに対応すること、そして対応に一貫性を持たせることだ。

最初のうちは、犬は飼い主より先を歩き、お目当てのものを見つけては突進するだろう。だがあきらめてはいけないし、妥協してもいけない。犬がすぐに言うことをきかなくてもいらいらせず、穏やかで毅然としたエネルギーを保つ。飼い主がリーダーシップを示したからといって、犬は恨んだりしない。いや、不安を抱えた犬ほどリーダーを切望している。だから犬がよけいなことに気をとられそうになったら、すかさずリードを引いて注意を与えよう。

家の中でのトレーニングも同じだ。リードとトレーニング用の首輪を着けて、犬の執着行動が起きそうになったらリードを引っ張りあげる。忘れてはいけないのは、犬が入れるすべての部屋でトレーニングすることだ。そうしないと「怒られたのはここがキッチンだからだ」といった誤解を犬に植え付けることになる。

辛抱強くトレーニングを繰り返すうちに、犬は執着から離れて飼い主に気持ちを集中させるようになり、従順で穏やかなエネルギーを持ち始める。そうしたら思いきりほめ、犬が喜ぶことをしてやろう。犬のエネルギーを執着からそらして、光を追いかけたり、くるくる回ったりしなくてもいいのだと教えてやるのは、パック・リーダーの務めだ。

▼シーザーのケースファイル／ブルックス

なぜ不安が執着行動を引き起こすのか。キーワードはコントロールだ。自分ではコントロールできないものに恐怖を覚えたとき、犬は神経症のようになって、コントロールできるもの、少なくとも自分に歯向かったり、飛びかかったりしてこないものを必死で探す。五歳のエントレブッハー・キャトル・ドッグ、ブルックスがまさにそれだった。スイスの山の中で家畜を追っていた犬種だけに、ちらつく光を追いかけたがるし、人や家具、壁に突進していた。

ブルックスが執着するようになった原因は、飼い主のロレインとチャックから話を聞いてすぐわかった。ブルックスは子犬のとき、二度恐ろしい目にあっていた。まず、いきなり近所の犬の前に出されたこと。そして、バックで出てきた車にひかれそうになったこと。そのためブルックスはすっかり憶病で怖がりになった。おまけにロレインの義兄が、レーザーポインターを追いかける遊びを教えたのだ。

小さくて害のないレーザーポインターの光は、コントロールできない大きいものが怖くてたまらないブルックスにはうってつけだった――これならコントロールできるし、支配もできる！　レーザー光がないときは、取りつかれたように似たものを探し回り、フローリングのつやにまで反応する始末だ。散歩のときも、目を皿のようにして光を探した。けれども僕がリハビリを始めると、あっというまに執着から気持ちをそらすことができた。さらにロレインとチャックが辛抱強く指示を続け、ルール・境界・制限を決めていったおかげで、たった一、二カ月で執着行動の悩みは解決した。

〈問題行動　その7〉

収集癖

食べ物、おもちゃ、おやつを集めて、ベッドのシーツやソファのクッションの下にしまいこんだり、部屋の隅やクローゼットに隠す。犬を飼っている人なら、枕の下にドッグフードがためこんであったり、ベッドの下からなくしたはずの犬のおもちゃが出てきた経験があるのでは？

収集癖のある犬は所有欲が強くなり、集めたものに誰かが近づこうものなら攻撃的になる。部屋は散らかるし、食べ物を隠されると衛生面もよろしくない。妙な臭いがすると思っていたら、クローゼットから腐ったウェットフードの山が見つかった、なんてこともある。そこに虫でもたかっていたら目も当てられない。

犬は土を掘り返して、食べ物を隠す習性がある。あいにく家の中には地面がないが、柔らかい土とよく似た感触のものがある。クッションやカーペットだ。三〇〇〇ドルもしたイタリアンレザーだろうが、ＩＫＥＡのセール品だろうがおかまいなし。本能に従って遠慮なく引き裂いてくれる。ときにはカーペットを掘り返そうとして、自分の鼻を痛めることもある。

収集癖の原因

犬の収集癖は野生の名残りだ。自然の中で生きていくには、群れで狩りをして食べ物を獲得しなくてはならない。空振りに終わる日もあれば、食べきれないほど獲物がとれる日もある。狩りが不調だったときに備えて、余った食べ物を残しておきたいと考えるのは自然な欲求だ。そこで犬は穴を掘り、そこに食べ物を埋める。

人間に飼われていれば、食べ物にそこまで困ることはない。毎日決まった回数の食事が与えられる。にもかかわらず、まさかのときのために、食べ物を備蓄しておきたい欲求が強い犬もいる。そういう犬は、出された食事をすぐに食べ始めるのではなく、口いっぱいにくわえて別の部屋に移動する。食べるところを見られたくないのではなく、予備をとっておきたいのだ。

収集癖を克服する

おもちゃの収集癖を直すには、飼い主がおもちゃの管理権を握る必要がある。犬がためこんだおもちゃを全部取り上げ、犬の届かないところに保管する。一度に遊んでいいのは一個か二個まで。それ以上は扱いきれないはずだ。隠せるような余分のおもちゃがなければ、犬は与えられた一個に集中するしかない。

食べ物を隠す癖は、食事時間の工夫で矯正していく。まず長時間の散歩をさせて、食べ物のためにがんばる感覚を植え付ける。帰宅してから食事の用意をするが、そのあいだ犬にはお座りで待たせよう。穏やかで従順なエネルギーが感じられたら、目の前に食事を置いてやる。犬が途中で食べるのをやめて、その場を離れたら食事は終了。食器は片づけてしまおう。

食べるのをやめたら食器を片づける。こうすることで、「後でまた食べよう」「余りを隠しておこう」という誘惑を断ち切ることができる。食べ物は充分にあるが、「予備」の分はないことをわからせるのだ。

犬の収集癖は、もともと持っている本能が時代に合わなくなってきた典型的な例だ。人間に飼われ、充分な食べ物を与えられることで、かえって飢えを恐れるスイッチが入ってしまうのだろう。犬は「この瞬間」を生きる動物だ。昨日お腹いっぱい食べさせてもらったことは覚えていないし、明日も同じように食べ物がもらえることも理解できない。目の前にあるたっぷりの食べ物を見ると、「これを少し残しておけば困らないのでは?」と考えるのだ。

今紹介した食事のルールを徹底させれば、食べ物隠しの困った行動がなくなるだけでなく、肥満も防止できて一石二鳥だ。

☑〈問題行動　その8〉
無駄吠え

犬は吠える。これは変えようのない事実だ。吠えることはコミュニケーション手段のひとつなので、背景はいろいろあるし、意味もひとつではない。郵便配達人が玄関にやってきたなど、突然の変化に反応して吠えることもあれば、助けがほしくて注意を惹くために吠えることもある。群れの仲間どうしでは吠えることはあまりないが、外敵に全員で立ち向かうときは激しく吠える。

犬が吠えるのは完全にやめさせてはいけないし、時と場所が正しければ効果的でもある。低い声で吠えて威嚇できる犬は、世界一頼りになるホーム・セキュリティ・システムだと警察官から聞いたことがある。火事が起きたとき、犬が吠えて知らせた話はたくさんある。飼い主のてんかんの発作や低血糖のショック症状を察知し、吠えて警告する犬もいる。

とはいえ、明確な理由がないのに吠えまくる犬は困りものだ。「正しい時と場所」であっても、いつまでも吠え続けるのはよくない。吠えすぎると犬は声帯を痛めるし、ご近所にも迷惑だ。

無駄吠えの原因

犬が吠える理由はいろいろあるが、体力がありあまっていたり、欲求不満や分離不安だったり、退屈だったりするときは無駄吠えになりやすい。欲求が満たされていないことを、懸命に訴えているのだ。原因を突き止め、無駄吠えをしないよう行動を矯正して、欲求を満たしてやろう。

無駄吠えを克服する

まず、どんなときに無駄吠えが始まるか観察する。飼い主が家にいないあいだ吠えっぱなしなのは、分離不安のしるしだ。これは次で対応策を紹介するが、留守中の無駄吠えをなくすには、「運動・しつけ・愛情」を充分に行ってバランスを取り戻すことが大切だ。留守をする前に散歩をして運動させ、飼い主が不在のあいだの居場所を用意する。帰宅したら、犬が従順で穏やかなエネルギーになるのを待ってから、愛情を注いでやる。

飼い主の前で吠えまくる犬もいるが、このほうがやれることはたくさんある。まず、しつけをするときは穏やかな態度で臨むこと。「ダメ！」と大声で叱りつける飼い主をよく見るが、無駄吠えの犬にはまったく効果がない。なぜかって？　犬はすでに興奮しきっていて、飼い主の注意など耳に入っていないからだ。むしろ飼い主が大きな声を出すことで、いっ

しょに吠えてくれていると思ってしまう。しつけをしているつもりが、かえって問題行動を助長しているのだ。

吠えている犬には、鋭い視線を向けて「シッ！」という声を出すか、犬の身体に触れる。犬が吠えるのをやめるまでこれを続けるが、あくまで穏やかで毅然とした態度のままで。低い静かな声で「だめ」と言うのも効果がある。吠え声よりも、警告の唸り声に音が近いからだ。飼い主のエネルギーが高ぶっていないことも示せる。

同じ刺激に反応して吠えだすようであれば、ボディランゲージやエネルギーを駆使して、その刺激から注意をそらす。犬と刺激のあいだに壁をつくってしまうのだ。飼い主自身もその刺激に無関心になそぶりを見せれば、「ましてや犬のおまえには関係ないこと」というメッセージが伝わる。

犬の吠え方は、そのときの精神状態を映しだしている。フェンス越しにお隣さんに激しく吠えかかるのは、家の中では好奇心が満足できていない証拠。わくわくする刺激やチャレンジを外に求めている。そんなときは、散歩でたくさん運動させ、家の中におもしろいことを用意してやる必要がある。

いろいろやってみても、どうしても無駄吠えが止まらなかったら？　ためらわずにプロの助けを借りよう。

吠えることは犬の基本的な習性だ。でも過剰に吠えたり、時と場所がまちがっているとやっかいなことになる。無駄吠えの原因にもよるが、穏やかで毅然としたエネルギーを保ちながら、「運動・しつけ・愛情」のテクニックを実践すればきっと改善するはずだ。

▼シーザーのケースファイル／クマ

ラスベガスでシルク・ド・ソレイユに出演しているジェイソンの愛犬、アメリカン・エスキモーのクマは、無駄吠えのひどい困った犬だった。何にでも吠えるクマだが、ことに来訪者にはひどかった。いくら叱られてもやめず、体力を使い果たしてようやく静かになる。

ジェイソンはシルク・ド・ソレイユで、ちょっとがさつだけど憎めないピエロを演じていた。ところがそのキャラクターのまま帰宅するものだから、エネルギーを感じ取ったクマは、自分がリーダーになろうとしていた。そこで僕は、ジェイソンの訓練から始めた。玄関に着いたところで穏やかで毅然としたエネルギーを発散させ、この家は自分のものだというメッセージを伝えるのだ。

クマは運動不足でもあった。夏の暑さが厳しいラスベガスでは散歩もままならないが、ジェイソンとクマはよくがんばった。数カ月後、無駄吠えは完全になくなってはいなかったものの、クマは格段におとなしくなり、ジェイソンの言うことを聞くようになった。

☑

〈問題行動　その9〉

分離不安

野生の犬が群れを離れるのは異常事態だ。飼い犬にしてみれば、家族の外出も同じこと。家族が出かけるとき、かすかに不安そうな様子を見せる犬は多いが、たいていはそのままおとなしくひとりの時間を過ごす。しかしなかには、家族がいなくなることに耐え切れず、分離不安と呼ばれる状態になる犬もいる。ひどいときは、家族が部

▲分離不安はただ「寂しい」のではない。

屋を出ようとしただけで大騒ぎするのだ。

分離不安の症状は、よだれの過剰な分泌、ぐずり、破壊、脱走、排泄、壁やドアをひっかくといったもの。窓から飛び出してしまう犬もいる。

分離不安は、気がついたらすぐに対処しよう。さもないと犬だけでなく、飼い主の家や財産にも大きな被害をおよぼす。分離不安にさいなまれている犬は、家具、靴、衣類、紙類、パソコンなど、手当たりしだいに破壊する。脱走を試みてけがをすることもある。鳴き声や吠え声は近所迷惑にもなるだろう。

分離不安の原因

分離不安が起こるのは、体力がありあまっていて、家族という群れから離れた場合のふるまいかたがわからないときだ。不安な犬は、群れを呼び戻すためにありとあらゆることを試す。出かけるとき、犬をかわいがったりするのはまったくの逆効果だ。家族がいなくなりそうな空気を感じて、犬はすでに不安定になっている。そこで愛情を向けるのは、「不安なままでいるのはいいことだよ」とネガティブなエネルギーを助長するに等しい。声もかけずに出かけたからといって、犬は気分を害したりしない。犬どうしが出会ったら、ひととおりのやりとりのあと、そのままおたがい離れていくはずだ。それが犬の流儀なのだ。

分離不安を克服する

愛犬の分離不安を解消するいちばんの方法は、燃料となる体力を消耗させてやることだ。朝目覚めたときの犬の体力を一〇とすれば、散歩や運動をさせて、飼い主が出かける前にゼロにしておきたい。体力レベルがゼロになれば、それは「休息」の合図だ。

そのためには、「ハウス」ができなくてはならない。ケージや寝床といった指定の場所に戻り、飼い主が部屋を出てもそこから動いてはだめという命令である。最初は一分ぐらいから始めて、一五分おとなしくできるようになったら、飼い主が外出してみる。これも最初は五分から始めて、一〇分、一五分、三〇分と伸ばしていく。

ハウスができるようになっても、長時間誰もいない家では、犬はほかの場所に行くこともある。それでも飼い主の不在とハウスが結びついているので、犬は飼い主を探そうとはしない。音がしたときに確かめに行ったり、水を飲んだり、身体を伸ばしたりして、また元の場所に戻るはず。

行ってくるよの挨拶《あいさつ》は、実際に出かける前に早くすませておこう。運動をたくさんして、穏やかで従順なエネルギーのときであれば、軽くかわいがってやったり、「おまえと離れるのは寂《さび》しいよ」などと話しかけてもかまわない。ただし、そうした行為は犬のためというより、人間の気持ちを楽にするためだということを忘れずに。それがすんだら、「触れず、話さず、目を見ない」ルールを守りながら、必要な用事をすませて出かけよう。人間が大騒ぎしなければ、犬も淡々と対応してくれる。

野生で群れをつくる犬はひとりになることがめったにない。そのため、人間に飼われている犬が飼い主と離れることは大きなストレスだ。分離不安を炎上させる燃料、つまり体力を消費させ、飼い主が不在のあいだも安心できる場所を用意してやることが、僕たち人間の務めだ。

トレーニングをするときは、穏やかで毅然としたエネルギーを見せることを心がけよう。犬が飼い主に信頼を寄せれば、それだけ分離不安も軽くなる。飼い主が留守のあいだ、犬はどこにいて、どうふるまうべきか——そのことを明確にわからせることが大切なのだ。

▼シーザーのケースファイル／フェラ

愛犬の分離不安は、飼い主一家の生活までも脅《おびや》かすことがある。シンディとシドニーの母娘が飼っている一歳半のフェラは、テリアの血が入ったミックス犬。家で留守番しているときの分離不安が激しく、クンクン鳴く声がうるさいと近所から苦情が殺到して、住んでいるアパートから退去寸前まで追い込まれていた。

フェラはほかの犬への攻撃性もあり、シンディに抱かれているとき、誰かが近づいてこようものなら、彼女を守るために歯をむきだして唸り、噛みつこうとした。

幸いなことに、シンディとシドニーがここで紹介したテクニックを実践したところ、フェラは出かける二人をおとなしく見送れるようになった。さらにフェラが安心できる場所を用意して、ハウスも身につけさせた。リハビリを始めてから約一カ月、二人は今も同じアパートに住んでいる。ご近所さんたちは、「あれが昔のフェラ?」と信じられない様子だ。

☑〈問題行動　その10〉
噛み癖

犬が噛むのは自然な行為だ。ものを噛めば歯の掃除になり、脳も刺激を受ける。子犬の時期は、噛むことで歯が生えるときの痛みがやわらぎ、乳歯から永久歯への生えかわりがうながされる。問題は、何をどう噛むかだ。

ある日帰宅したら、お気に入りの靴や、結婚祝いに贈られたレース編みのクッションが、ずたずたになって居間に散乱していた。ノートパソコンのアダプタのコードが引きちぎられて、使い物にならなくなった――そんな経験をした愛犬家も多い。

悪さをした犬をその場で叱りつけても効果はない。犬は何を噛んだかもう忘れていて、家中に羽毛が散らばっていることと、叱られていることを関連づけて考えられないからだ。理由もわからないまま大声で叱られて、犬は神経質になり、気持ちを静めるためにまた噛む。お気に入りの靴がもう一足だめになるだろう。

噛み癖は犬の生命を脅かすこともある。噛み砕いたものを飲み込んでしまうと、食道や胃、腸を痛める恐れがある。コンセントに刺さった電源コードを噛むと、感電や火災の恐れもある。高価な品や思い出の品を壊されたら、金銭的・精神的な損失が大きい。

犬にとって噛むことは健全で自然な行為だが、大切なものを高いところに置いたり、鍵のかかる物置にしまったりしなくても、噛まれずにすむようにしたい。それにはどうしたらいいだろう?

噛み癖の原因

おとなの犬が噛むのは、気持ちが落ち着くし、夢中になれるからだ。子犬は、歯が生えるときの歯茎の痛みをやわらげるためにしきりと噛むが、その名残りともいえる。「不快な痛みがおさまった」記憶のおかげで、ものを噛むと従順で穏やかな気持ちになれるのかもしれない。従順で穏やかな状態は飼い主にとっても望ましいが、それと引き換えに大切なものを破壊されてはたまらない。

噛み癖を克服する

噛み癖を矯正するのは難しくない。噛んではいけないものを口にくわえていたら、すぐにやめさせるだけだ。だからといって、わざと靴下の片方を放置するようなトラップを仕掛けたりしないように。飼い主が現場を見つけたときだけでいい。大切なのは穏やかにやること。犬の首、もしくは腰のあたりを指で軽く、やさしく触れて注意をそらす。犬が自分から口を開けて落とすまで、無理やり奪おうとしてはだめ。身体に触れただけでは反応しない場合は、「噛んでもよい」おもちゃやおやつで気を惹く。

犬がくわえていたものを落としたら、それは飼い主の所有物だとわからせよう。ボディランゲージとエネルギーで、飼い主と物との結びつきを表現するのだ。自分と物を、目に見えない垣根で囲うイメージを描くとわかりやすい。穏やかで毅然としたエネルギーを発散させながら、物を自分のほうに引き寄せて、「これは私のもの」と声に出すのも効果的だ。

二匹の犬が、ひとつしかないおもちゃを取り合うときも同じだ。ボディランゲージとエネルギーで相手を制したら、「これはオレのもの」という警告の視線をちらりと送るだけ。唸ることも、攻撃することもない。

噛むのが好きな犬には、噛んで遊べる安全なおもちゃを用意しよう。かかりつけの獣医と相談して、骨ガムや革ガムを与えるのもいい。ゴムやプラスチックのおもちゃは、犬が飲み込めない大きさのものを選ぶ。ただし大きすぎたり、表面に穴が開いていると、くわえたままはずれなくなるので注意。内部におやつを仕込めるおもちゃは、犬がおやつを取り出す穴と、内部が真空になるのを防ぐ空気穴が開いている。空気穴がないと、舌が抜けなくなる恐れがある。この空気穴は、人間の小指ほどの大きさが基準だ。

犬の永久歯は、人間より一〇本多い四二本。前歯は鋭くとがり、臼歯《きゅうし》も強い。人間は氷を噛んだだけで奥歯にひびが入ったりするが、犬は大きな骨でも簡単に噛み砕く。

それだけに犬は噛むことが得意だし、大好きだし、噛めば気持ちが落ちつく。噛む行為自体をやめさせるのはまちがっているが、噛んでいいものと悪いものをきっちり線引きしよう。

強固な基盤

どんな犬にも困った行動はつきものだ。でもこの章で紹介したテクニックで、多くの問題は解消するだろう。犬のおきてと原理を理解し、これまでに取り上げたテクニックを組み合わせていくことで、群れ《パック》の基盤は揺るぎないものになり、何が起こっても調和を回復できるはずだ。

飼い主と犬を取り巻くあらゆる場面で役に立つテクニックは、実は犬を飼う前からでも活用できることをご存じだろうか？　残りの章では、あなたのライフスタイルとエネルギーにぴったりの「パーフェクト・ドッグ」と出会うために、これまで学んだ知識をどう生かせばいいか説明していこう。

⑥ あなたにぴったりの一匹と出会うための一一の準備

ある土曜日、友人の映画プロデューサー、バリー・ジョゼフソンから電話がかかってきた。バリーとはもう一〇年の付き合いになる。僕たちはレストランの駐車場で待ち合わせることにした。時は二〇〇〇年、まだ僕のテレビ番組は誕生しておらず、シーザー・ミランなんて誰も知らなかったころだ。バリーは言ってみれば、僕にとって初めての「セレブな」クライアントだった。

僕が運転してきたバンには、一〇数頭の犬が乗っていた。駐車場に着き、一匹ずつ車からおろしていく。犬たちは僕が命令するまで、バンの荷台でじっと待っていた。その様子を見て感心したバリーの依頼で、僕は彼の犬のトレーニングを引き受けることになった。

バリーの飼っていた犬のうち、二匹が最近死んでしまった。バリーと妻のブルックは深い悲しみに沈み、残された純血のピットブル、グストも寂しそうだった。ブルックは、グストのために新しい犬を迎えようと考えた。バリーは、僕が海外出張から帰ってくるのを待つべきだと主張したが、ブルックは矢も楯《たて》もたまらず保護施設に行って、子犬をもらいうけてきた。しかしその子犬はエネルギーが高すぎて、グストにはあまりに不釣合いだった。家にやってきた子犬は、バリーとブルックの三歳になる娘、シーラを噛んでしまう。グストにとっては言語道断で、すぐにシーラを守るために割って入った。その日からグストは子犬を完全に無視するようになった。この子犬は家族の一員になれない。そう悟ったバリーとブルックは、子犬がシーラに近づかないよう気を配りながら、新しい里親を探すことにした。

同じような話はそこかしこで聞く。それはひとえに、犬の正しい選び方を理解していないからだ。保護施設に駆け込んで、適当な犬を見つくろえばいいわけではない。考えるべき要素がたくさんある。たとえば、おたがいのエネルギーに親和性があるかどうか。親和性がないとどうしようもない。エネルギーの相性が悪い犬をもらいうけて、無理やり群れ《パック》に引き込もうとすると、保護施設に逆戻りという残念な結果になるだけだ。犬の里親になるときは、死ぬまで面倒を見る覚悟を持とう。事前にしっかり準備をして、慎重に選ぶことが飼い主になる者の責任なのだ。

自分にぴったりの犬を選ぶプロセスは、次の三つのステップに分かれている。

ステップ１は自分自身を振り返ること。

ステップ２では、犬を見きわめる。

そしていよいよわが家で暮らすための準備が、ステップ３だ。

◎ステップ1——自分自身を振り返る

まずは自分の性格と生き方を正直に振り返るところから始めよう。犬と暮らしていくためには、考えなくてはならないポイントがたくさんある。

☑ 〈ポイント　その1〉家族の足並みはそろっている？

新しい犬を飼うと決めた。その決断は、家族全員が納得していることだろうか？犬を飼うとなったら、家族全員がパック・リーダーだ。パパが子どもたちに犬をプレゼントすると約束しても、ママが反対していたら、のちのち問題が生じる。子どもたちが犬の面倒を見なくなって、ママがしかたなく散歩や食事の世話をするという話はよく耳にする。実際に犬を迎える前に、家族が次のような問題を本音で話し合い、それぞれが無理なく果たせる役割を決めておいたほうがいい。

・子どもたちは犬に対してリーダーシップを発揮できて、世話を分担できる年齢になっているか。少なくとも犬はおもちゃではなく、やたらとかまいすぎてはいけないことを理解できるか。

・子どもたちは、犬が家族みんなのものであり、誰かひとりの「所有物」ではないことを理解できるか。

・家族の誰かがいつも家にいるのか、それとも全員が朝早く家を出て、夜まで帰ってこないのか。

・家族そろって休暇で出かける習慣はあるか。その場合、犬も連れていけるように移動や宿泊を工夫できるか。犬を置いていくとき、留守中に面倒を見てくれる友人や親族、ペットホテルはあるか。

・家族に犬アレルギーはいないか。もし犬アレルギーでも、ポーチュギーズ・ウォーター・ドッグなど犬種を選べば対応できるか。

☑〈ポイント　その2〉
生活空間を見直す

犬を探す前に、生活空間の「ルール・境界・制限」を理解しておこう。まずは、ほんとうに犬が飼えるのか賃貸契約書や管理規約を読んで確かめる。自治体が定めるペット関連の規制も調べておくこと。

次に生活環境をひとつずつ見ていく。あなたが住んでいるのは狭いアパート、それとも庭付きの大きな一戸建て？　散歩できる道がたくさんある緑豊かな郊外、それとも交通量が多い大都会？　飼ってみたい犬が、今の環境にどうなじむか想像してみよう。狭苦しい家で底なしに元気な犬を飼うのはミスマッチだ。

家の間取りはどうだろう。犬を立入禁止にできる部屋がある？　ない場合は、どうやって犬を近づけないようにする？　ソファに乗ることは許す？　犬がいちばん多くの時間を過ごすところはどこ？　そんな「わが家のルール」を明確にしておくと、どんな犬を選べばよいかおのずと絞られてくる。

☑︎

〈ポイント　その3〉
エネルギーを知る

家族の生活スタイルやエネルギーの質も知っておいたほうがいい。あなたの家族は、夕食がすんだあとはテレビやコンピューター、ゲームで過ごすカウチポテト族？　それとも週末になると夜明けとともに活動開始、山や海に繰り出すアクティブ派？　犬に合わせてそれまでの生活を変えるならともかく、基本的には家族よりエネルギー旺《おう》盛《せい》な犬を飼うべきではない。ダルメシアンやジャック・ラッセルなど、無尽蔵のエネルギーを持つ犬は、カウチポテトの家庭よりも、早起きのアクティブな家庭で飼われたほうが幸せだ。

だがいちばん重要なのは、家族の精神的な状態を客観的にとらえることだ。家族がかもしだすエネルギーは、犬の行動に直結する。飼い犬をひと目見ただけで、家族関係に問題があることがわかるほどだ。

夫と妻、子どもどうし、あるいは親と子の関係にわだかまりがあると、エネルギーのバランスが悪くなる。犬はそれを敏感に察知し、「この群れはうまくいっていない」と判断して自分がリーダーの座におさまろうとするだろう。所有欲や攻撃性がむきだしになり、強い者になびく行動があからさまになる。

☑〈ポイント　その4〉
お財布と相談

お金の話をするのははしたないと言われそうだが、経済的に犬を養っていけるかどうか真剣に考える必要がある。ペットを正しく飼うには、それなりのお金がかかる。犬を引き取って、マイクロチップを埋め込み、登録をすませ、不妊手術を受けさせる。いろいろな小物もそろえなくてはならない。食事代や獣医にかかる費用もばかにならない。具体的な金額は犬種や体格、住む地域によるが、米国動物虐待防止協会（ＡＳＰＣＡ）では、平均して毎月七〇ドル（八五〇〇円前後）ほどかかると試算している。

これには医療費やペット保険の費用は含まれていない。ペット保険に入らない場合は、緊急事態を見越してまとまったお金を取っておく必要がある。人間と同じで、犬もいつけがをしたり、病気になるかわからない。お金の心配さえなければ、あとは愛犬の回復に力を尽くすだけでいい。

▼〈ザ・カリスマ ドッグトレーナー～犬の里親さがします～〉制作裏話

「バラにとげあり」

一カ月後に控え、番組のエグゼクティブ・プロデューサーであるグレゴリー・バンガーと、僕のトレーニング・アシスタントを務めるシェリ・ルーカスはイギリスに飛んだ。番組に登場する犬を選ぶためだ。二人が最初に訪ねたのはピーターバラにある保護施設「アニマル・ヘルプライン」。ここでもボランティアのスタッフたちが、保護している犬の問題行動に頭を抱えていた。

施設を見て回っていたシェリは、スタッフォードシャー・ブル・テリアの

ロージーに注目した。最初に飼った家族が手に負えなくなり、別のシェルターで殺処分寸前だったところをアニマル・ヘルプラインに救出されたのだ。

シェルターでの生活は相当のストレスだったらしく、ロージーは皮膚病にかかっていた。新しい里親一家はロージーをかわいがったが、家族が重度の犬アレルギーを発症し、アナフィラキシーショックで入院する騒ぎになったため、ふたたびアニマル・ヘルプラインに戻ってきたのだった。

〈犬の里親さがします〉に出ることになったロージーは、スペインにあるドッグ・サイコロジー・センターに飛行機でやってきた。さっそく皮膚病の治療を開始する。ロージーは問題行動は深刻ではないものの、人間を操ろうとする傾向があった。ルールも境界もおかまいなしで、気分が乗らなければてこでも動かない。

実のところ、僕やスタッフがロージーのリハビリをするのは難しくなかった。強いリーダーさえいれば、ロージーはすぐにいい子になった。でも問題はそのあとだ。ロージーに新しい家族を見つけてやらなくてはならない。どんな家族が彼女にぴったりなのか？

ロージーを引き取りたいと申し出た候補者の中に、デビーの一家がいた。二人の子どもの母親であるデビーは、がんをわずらい、肥満や重いうつ病とも闘っていた。デビーが出演を決意したのは、人生を再出発するにあたって、犬というパートナーがほしかったからだ。デビーたちのほかに、かわいい子どもが二人いて、ロージーに安定した楽しい家庭を提供したいと考える別の家族も候補になっていて、制作スタッフは彼らのほうに好感を抱いていた。

けれども僕が選んだのはデビーだった。デビーとロージーは心がひとつになれると思ったからだ。どちらも過酷な体験を経て心身のリハビリを必要としているけれど、傷が癒《い》えていく過程で、おたがいへの愛と感謝が芽ばえると確信した。これを書いている今、デビーとロージーはとてもうまくいっている。デビーのもとで、ロージーは申し分のない伴侶に成長しつつある。ロージーはデビーの生きがいだ。

◎ステップ2――犬を見きわめる

自分と家族の暮らし方、エネルギーの質、人間関係を曇りのない目で見つめなおしたら、いよいよ犬を選ぶ作業に進もう。

〈犬の見きわめ　その1〉

☑年齢を軽く見てはいけない

いたいけで愛らしい子犬を保護施設で見かけることはめったにない。すぐに引き取り手が見つかるからだが、実は子犬を飼うのは、成犬よりはるかに時間と労力とお金がかかる。育て方をまちがうと、のちのち問題行動が出てプロの助けを借りることにもなる。二カ月～一年間は家族の誰かがいつもそばにいてトレーニングを続けられる環境でなければ、子犬を飼うことはお勧めできない。

犬は生後一年〜一年半で成犬になる。ここまで順調に育った犬であれば、問題が起こることは少ない。何か問題がありそうでも、保護施設で観察しながら、受け入れられるかどうかじっくり考えることができる。成犬は室内飼いのしつけをしやすいし、気性や犬種の特徴にもよるが、子犬ほどエネルギー旺盛ではない。犬のことばかりにかまっていられないという家庭では、七歳ぐらいまでの成犬を選ぶのがいいだろう。

老犬という選択肢も忘れないでほしい。引き取り手が少ないのは事実だが、若い犬よりバランスが取れていて、おとなしいことが多い。家が手狭で、トレーニングや散歩の時間が充分に確保できない家庭には、温厚な老犬がぴったりだ。医療費がかさみやすいのが玉にキズだが、単身者や子どもが巣立った夫婦がともに過ごすパートナーには老犬が理想的だろう。

もちろん受け入れる家族の年齢とエネルギーも考慮しなくてはならない。元気の塊みたいな子犬は高齢者では手に負えないし、二〇歳そこその若者は老犬ではものたりない。大切なのは、家族と同等か、少し低いエネルギーの犬を選ぶことだ。年齢を軸《じく》にあらゆる可能性を検討していけば、ぴったりの犬に出会える可能性がぐっと高くなるはず。

〈犬の見きわめ　その2〉
☑犬種を知る

犬はあくまで動物であり、犬種や名前はその次の話だということは前にも説明した。けれども新しい犬を迎え、犬のいる生活を始めるにあたっては、犬種が優先順位のトップに来る。犬は純血であればあるほど、犬種の特徴がはっきり現われ、それを考慮して対応する必要がある。

第三章で、犬種の七つのグループを紹介した（八一ページ参照）。スポーティング、ハウンド、ワーキング、ハーディング、テリア、トイ、ノンスポーティングだ。犬に適した活動は、このグループによって違いがある。たとえばスポーティング・グループの犬種は、「取ってこい」などの遊びが大好き。ワーキング・グループはウェイトを入れたバックパックを背負って散歩するのを喜ぶ。テリアは脳を刺激する知的な遊びや、働いてごほうびをもらうことが好きなので、「おやつ探し」ができるおもちゃを用意してやろう。疲れ知らずのランナーであるハウンドには、飼い主もジョギングやスケートボード、自転車で付き合ってやる。

ほしい犬種が絞られているなら、本やインターネットであらかじめ勉強しておくとよい。アメリカン・ケンネル・クラブ（ＡＫＣ）が定める犬種の基準と気性の説明はわかりやすくてためになる。

共同住宅や賃貸住宅では飼育禁止の犬種が定められていることが多いので、事前に調べておこう。攻撃性に関しては、個々の犬のエネルギーの状態、行動や気性が大きく関係しているにもかかわらず、一部の犬種が悪者扱いされるのは残念な話だ。攻撃的な犬種に似ているというだけで、悪印象を持たれてしまう。

北アイルランドのベルファストで二〇一二年に起きたレノックス事件もそうだった。ミックス犬のレノックスは、攻撃性を見せたことなどなかったのに、危険犬種とされるピット・ブルに少し似ているという理由だけで家族から引き離され、国際世論の反対が渦巻くなかで殺処分されてしまった。このように、世間の思い込みや法規制とぶつかりそうな犬種についても勉強しておいたほうがいい。

犬種によってなりやすい病気や障害があることも知っておこう。ジャーマン・シェパードには股関節形成不全が、ポメラニアンには甲状腺機能障害が多い。純血種ほどリスクは高くなる。最悪の場合、どれぐらいの治療費がかかるのか見積もっておく。

犬種ごとの欲求や問題点、エネルギーの強さを知ることで、自分がどんな犬を求めているのか具体的に見えてきて、責任をもって新しい犬を迎えられるはずだ。

〈犬の見きわめ　その3〉

適切なエネルギーレベルを知る

自分や家族に見合ったエネルギーの犬を選ぶ——この本で何度も伝えてきたことだが、では犬が持っているエネルギーはどうすればわかるだろう？　保護施設やシェルターの犬はケージに入れられており、欲求不満で気が立っているので、本来の状態でないことが多い。

そんなときは、まずスタッフにたずねてみよう。彼らは犬たちと長い時間過ごしているので、それぞれの犬の性格や行動をよく知っている。里親との相性が何より大切だと理解しているので、正直に話してくれるはずだ。

《質問のポイント》
・ほかの犬やスタッフとうまくやっているか。
・食事や散歩のときはいい子にしているか。
・訪問者がケージに近づいたときはどんな反応を見せるか。
・子どもや男性に対して問題を起こすことはあるか。

話を聞いていけそうだと思ったら、家族全員で「顔合わせ」をしよう。ほとんどの保護施設は、喜んで顔合わせをさせてくれるし、里親希望の家族と犬が自由に触れ合えるエリアを設けている。まずはケージを出て動き回る犬をよく観察しよう。

《観察するポイント》
・好奇心が旺盛で、何にでもすぐ興味を持ってしまうか。
・家族の様子をひとりずつ探っているか、それとも誰かひとりに関心を集中させているか。

・顔合わせのエリアに入ってすぐ、あちこちにマーキングを始めたか。
・性格は外向的？　それとも臆病《おくびょう》？
・たえず動き回っている？　それともすぐに腰をおろして、従順で穏やかなエネルギーの状態になった？

施設側の許可がもらえたら、散歩に連れ出してみよう。犬のエネルギーや性格を知るための「テストドライブ」だ。リードを引っ張ったり、人より先に歩こうとする癖はないだろうか。長い散歩で犬の体力を使い切らせてしまえば、本来の性質を見抜くこともできる。

大切なのは、できるだけ冷静な目で観察することだ。「好きになる」のはあとでゆっくりできるし、ぴったりの犬と出会えたら自然とそうなる。最初に目にとまった犬に心を奪われ、責任感も手伝って引き受けてしまうと、後で悔やむことになる。ワンルームマンションに住んで、残業ありまくりの仕事をしている人が、セント・バーナードの子犬を連れて帰るのはどう考えてもまちがっている。

犬はおもちゃでも家具でもない。飼う以上は、死ぬまで責任を持たなくてはならない。自分たちに合った性格とエネルギーの犬に出会うまで、ほかの候補は却下していこう。相性の悪い犬を連れて帰り、手に負えなくなって施設に戻すよりはるかに賢明だ。辛抱強く観察を続け、的確な質問を関係者に投げかけて、最高のパートナーになれる犬を見つけだしてほしい。

▼〈ザ・カリスマ ドッグトレーナー～犬の里親さがします～〉制作裏話

「ソフィア救済」

〈犬の里親さがします〉に登場した犬の中で、いちばん胸が締め付けられたのはソフィアだった。番組に登場する犬を探しにローマ入りしたトレーニング・アシスタントのシェリ・ルーカスは、たった二四時間でぴったりの犬を見つけなくてはならなかった。イタリア人プロデューサーの案内で向かったのは、ローマ郊外にあるシェルターだ。そこには四〇〇匹以上の犬が収容されていて、半分は老犬、四分の一は危険な犬種とされるピット・ブルとそのミックス、残りは攻撃性や恐怖心などの深刻な問題を抱えていた。そこで出会ったのがソフィアだった。

あらかじめ用意してもらった候補犬リストにソフィアは入っていなかった。恐怖心が強い犬はすでに取り上げていたので、今回は違うタイプの犬で番組をつくりたかったのだ。

そのときのことをシェリはこう振り返る。「ソフィアは囲いに入ってたけど、まわりではほかの犬がひっきりなしに吠えたり、フェンスに身体をぶつけたり、くるくる回ったりしていた。ソフィアはおびえきっていた。あんなに悲しそうな大きな瞳は見たことがなくて、どうにかして助けなくちゃと思ったの」

スタッフの許可を得てシェリはソフィアの囲いに入った。「触れず、話さず、目を見ない」ルールを守りながらリードを着けようとするが、ソフィアの恐怖は尋常ではなく、完全にパニックに陥って気絶寸前だった。

ソフィアの過去は悲惨なものだった。飼い主が刑務所に入れられたのだ。当局が家宅捜索をすると、裏庭に十数匹の犬がいた。どの犬もろくな世話を受けておらず、人間を恐れていた。ソフィアはほかの犬とともにシェルターに引き取られた。

シェリはやっとのことでリードを着けることに成功し、ソフィアを囲いから出そうとした。「ソフィアは頑なに抵抗していて、何とか外に出したと思ったら、そこで気絶してしまった。体重三〇キロのぐったりしたソフィアを引きずるようにして、ようやく囲いに戻したわ」

制作スタッフの了承が得られて、ソフィアの出演が決まった。スペイン、マドリードにあるセントロ・カニーノにやってきたソフィアは、静かで平和な雰囲気もあって劇的に変わった。さっそくカメラを回しながら、ソフィアのリハビリを開始した。

ソフィアには、バランスの取れた十数匹の群れ《パック》と過ごさせることにした。ソフィアは人と接した経験があまりに少ないので、ほかの犬に後押ししてもらうのがいちばんだと考えたのだ。

ソフィアの里親に名乗りをあげた三組のカップルのうち、僕がいちばん良さそうだと思ったのは、ボローニャに住むダニーロとサラだった。ダニーロはずっと「猫派」で、犬を飼った経験はない。今飼っている猫を溺愛《できあい》している彼は、犬が新しく加わると猫がいやがるのではないかとひそかに気をもんでいた。そんな彼の姿はちょっとおかしかったが、たしかに甘やかされた猫がいる家に犬を迎えるのは簡単な話ではない。

ほかの二組は明らかにソフィアに向いていなかった。活動的で忙しい毎日を送っている彼らは、仲間になれる犬を求めていた。けれどもソフィアは、時間と労力をかけて親身に面倒を見てやらないと、根強い恐怖心を消すことができない。

こうしてサラとダニーロはソフィアの里親になったが、その直後に連れていった獣医のところで、肺高血圧症であることがわかった。僕たち番組のチームは、ソフィアを看病するサラとダニーロを今も全面的に支援している。

◎ステップ3——さあ、おうちへ！

ぴったりの犬が見つかった？　おめでとう！　あなたの群れ《パック》に新しい仲間が加わったところで、これからやるべきことは三つある。

☑ 〈家で暮らす準備　その1〉不妊手術

米国の自治体が運営する保護施設やシェルターの多くは、里親に引き渡す犬に不妊手術を受けさせており、その費用は里親が支払う譲渡料に含まれている。プロのブリーダーであれば不妊処置をしていない犬をもらいうけることもあるが、登録料はずっと高い。ロサンゼルス市を例にとると、不妊処置された犬の年間登録料は二〇ドル。しかし手術を受けていない犬は登録料が一〇〇ドルになり、さらに二三五ドルの認定料がかかる。マイクロチップの埋め込みも義務だ。

責任の持てるプロのブリーダーでなければ、不妊手術が未処置の犬を飼うことはお勧めしない。一年中子づくりができる人間と違って、犬の繁殖《はんしょく》期は限られている。メスが発情するのは一年にたった二回——一～三月と、八～一〇月だ。オスもメスに刺激されて発情するが、それ以外の時期は生殖機能があってもなくても変わりなく過ごす。最近は去勢したオスに埋め込む人工睾丸《こうがん》も売り出されているが、どちらかといえばあれは人間の見栄のためだろう。犬自身は失った機能を惜しんだり、懐かしんだりしてはいない。

不妊処置を受けた犬は健康な一生を送れる可能性が高くなる。とくにメスは乳房腫《しゅ》瘍《よう》や尿路感染症の予防になる。ホルモンの変動に振り回されず、気性が安定して行動の予測がつきやすくなるのはオスも同様だ。さらに発情期の脱走も心配しなくていいし、子犬がたくさん生まれてあわてることもない。

不妊手術は最初にわずかな費用を惜しまなければ、長い目で見て大きな恩恵をもたらしてくれる。無料や格安で不妊手術をやってくれるシェルターやクリニックもあるし、里親が支払う譲渡料に手術代が含まれているシェルターもある。

不妊手術の最大の目的は、ペットの増えすぎを防ぐことだ。米国では一年間に殺処分される犬や猫が四〇〇〜五〇〇〇万匹にのぼり、世界中には野良犬が六〇〇〇万匹もいる。この問題を解決するには不妊手術しかない。〈犬の里親さがします〉の撮影で訪れたドイツでは、ブリーダーを除いて不妊手術を受けていない犬を飼ってはいけない決まりになっていた。そのおかげか、ドイツでは米国のような野良犬の問題はなく、シェルターでは外国からの犬も引き受けている。

飼い主としての責任を果たすには、食べ物や安全な場所だけでなく、指導やトレーニング、そしてリーダーシップを犬に与えてやらなくてはならない。望まれない子犬を世に送り出さないことも、飼い主の果たすべき責任だ。不妊手術は悩みに悩んで決めるようなことではない。面倒ごとを避けながら愛犬の一生を見届けるうえで、これほどシンプルかつ安全、費用も安くすむ方法はない。

〈家で暮らす準備　その2〉

マイクロチップ

昔は、どこの犬かわかるように首輪に名札を下げたり、タトゥーを入れたりしていた。だが名札はなくしたり、はずされたりする危険がある。タトゥーもやろうと思えば消せるため、どちらも確実な方法とは言えず、普及もしなかった。

そんな状況を一変させたのが、一九九〇年代に登場したRFID（無線認識技術）チップだ。犬の個体番号が入った極小のチップを身体に埋め込んでおけば、迷子になったり、盗まれたりしても、ほんとうの飼い主がすぐに判明する。

不妊手術と同じく、マイクロチップも野良犬問題の解消に大いに役立つ。身体に異物を埋め込むことに難色を示す人もいるが、多少の欠点があっても、それを上回る利点がある。自動車にナンバープレートを付けるように、愛犬が行方不明にならないようマイクロチップを入れておこう。

マイクロチップは携帯電話やその他の電子機器と違って、つねに電波を送受信しているわけではない。専用の読み取り機をかざしたときだけチップが起動して、記録された登録番号を送信する。

マイクロチップが普及して、技術も進歩するなかで、新たな用途も登場しつつある。ある企業は、チップを読み取って開閉する犬用ドアを売り出した。これならお隣の犬やあたりをうろつくアライグマ、はたまた泥棒も侵入できない。

マイクロチップには、もうひとつ人間心理に根ざした効用がある。チップを埋め込んだ犬は、捨てられたり、世話を放棄されたりすることがないのだ。飼い犬を捨てるとき、昔ならうんと離れた場所まで車で連れていき、首輪や名札などをはずして置き去りにしたものだった。けれどもマイクロチップが入っている犬は、調べればたちどころに飼い主がわかる。人間を攻撃するなどの問題を起こした犬も、誰に責任があるのか突き止められる。銃の製造番号みたいなものだ。

マイクロチップの埋め込みはワクチン接種と同様で、あっというまに終わり、痛みもない。費用も安いが、不妊手術と同じく譲渡料に含まれていることが多い。これだけは忘れないでほしい。マイクロチップを入れて後悔することはないが、もし愛犬が行方不明になったら、入れなかったことを一生後悔するだろう。

〈家で暮らす準備　その3〉
☑ 家に入る手順

自分たち家族のエネルギーと相性がぴったりで、ライフスタイルに無理なくなじめそうなパーフェクトな犬が見つかった。犬種の特徴も調べたし、家族みんながパック・リーダーの役割を果たす覚悟でいる。マイクロチップの埋め込みも、不妊手術もすませて引き取りの手続きは完了した。さあ、いよいよわが家にワンちゃんがやってくる！

でもちょっと待って。新しい家族を迎えることに舞い上がって、ここで多くの飼い主が最大の失敗をしてしまう。わが家に到着し、玄関のドアを開けて犬を入れる。リードをはずせば、犬はこの部屋からあの部屋と家じゅうを見て回り、あらゆるものを嗅いでいくだろう。新しい家の探検に夢中なのだと思いきや、犬は途方に暮れている。見知らぬ環境で、異質な匂いに囲まれ、逃げ出そうにも出口が見つからない。ここはどこ？　これからどうなるの？　ほかにペットを飼ったことがある家だと、その匂いにも気がついて、誰かのなわばりに侵入したのではないかと焦《あせ》りだす。

そんな失敗をしないために、シェルターを出るところからやり直しだ。引き取った犬をいきなり車に乗せるのではなく、まずは時間をかけて散歩をさせ、息の詰まるシェルター暮らしでたまったうっぷんを晴らしてやろう。

散歩が終わり、犬を車に乗せていよいよ出発だ。ここでもわが家に直行はしない。数ブロック手前で降りて、ふたたび散歩だ。周囲の景色や匂いに触れさせ、「今ここにいる」ことを確信させる。散歩を通じて飼い主のエネルギーを感じることができれば、信頼関係が芽ばえてくる。

ようやく玄関に到着した。でもいきなり家の中に飛び込ませてはだめ。ドアの前で一度座らせ、穏やかで従順なエネルギーになるのを待つ。家に入るのは飼い主と家族が先で、それから犬を招き入れる。このときはまだリードを着けたままで、全員が「触れず、話さず、目を見ない」を徹底する（第二章五七ページ参照）。

新しい家には時間をかけてなじませる。最初は食べ物と水がもらえる部屋がいい。飼い主が先に入って、外で待っている犬を呼び入れる。食事と水の用意ができるまで、お座りのまま待たせよう。お腹が満たされたら緊張もほぐれてくるので、ここでほかの部屋も見せてやる。入ってほしくない部屋は飛ばして進もう。

どの部屋でも、敷居をまたぐのはかならず飼い主が最初。匂いを嗅いで探索するあいだも、リードにはつないでおく。これは、「ここは私のなわばりで、私の空間だ。でもおまえが入ることを許す」と犬に教える儀式だ。家にやってきた最初の日にこれをやっておけば、飼い主を尊重する気持ちが犬に生まれる。

家をひととおり見終わったら、群れ《パック》のほかのメンバー、つまり家族に引き合わせる。ご対面は一度にひとり。少し離れたところから匂いを嗅がせ、犬のほうから近づいてくるまで愛情表現はお預けだ。パック・リーダーは、自分からメンバーに歩み寄ったりしないのである。

☑〈家で暮らす準備　その4〉

先住犬に引き合わせる

前から飼っている犬がいれば、新しく加わった犬との顔合わせを設定する必要がある。いきなり両者をいっしょにしてはいけない。新しい犬がやってきて、家族、とくに子どもははしゃいでいるかもしれないが、先住犬も同じとはかぎらない。顔合わせでつまずくと、先住犬は壁をつくってしまい、新しい犬も不安定になって問題が起こりやすい。先住犬の心境をちょっと想像してみよう。自分の居場所を確保して、何の憂いもなく日々を過ごしていたのに、いきなり知らない犬が飛び込んできて、人間たちは興奮しまくっている。何か大変なことが起きたにちがいない！……これではうまくいくはずがない。

先住犬に引き合わせるときは、ぜひとも友人や家族に協力してもらおう。ちょっと面倒だが、やってみるだけの価値はある。何をするかというと、家の外の中立地帯に出会いの場を設定するのだ。飼い主は先住犬を、友人や家族は新しい犬を連れて出発し、中立地帯で落ち合ったら、さりげなくいっしょに散歩をしよう。最初はおたがいに無関心かもしれないが、ともに前を向いて歩く時間が大切なのだ。二匹のエネルギーが落ちつくまで歩き続ける。

この散歩がうまくいけば、二匹を家に入れても大丈夫。もちろん入るのは人間が先だ。先住犬のリードははずしてもかまわないが、新しい犬とやたら遊びたがるときは、二匹ともリードは着けたままにする。遊びに誘うのは仲良しになりつつある証拠なのだが、新しい犬が遊ぶのはまだ早い。飼い主のリーダーシップに従い、新しい家でどうふるまうかを覚えたあとのお楽しみだ。

新しい犬を家に迎えるとき、ここで説明した手順をきちんと踏めば、パック・リーダーとしての立場を示し、ルール・境界・制限を設定することにつながる。愛情を注いでやったり、いっしょに遊んだりする時間はあとからいくらでも持てるけれど、初日の対応が良くなければ、その後ずっと引きずることになるだろう。失敗しないように、あらゆる努力を惜しまないでほしい。

▼〈ザ・カリスマ ドッグトレーナー～犬の里親さがします～〉制作裏話

「一度噛んだらやめられない」

僕たちは番組に登場させる犬を探しにオランダへ飛んだ。アムステルダム郊外のシェルターで出会ったのが、四歳のジャンナだ。ジャンナの犬種はベルジアン・マリノアで、ジャーマン・シェパードに似た牧羊犬だ。野良犬だったところを収容され、マイクロチップが埋め込まれていたので飼い主に連絡したものの、引き取りを拒否された。その後高齢の男性に飼われたが、三年前に死去。ジャンナの性格が変わったのは、ふたたびシェルターに戻ってきてからだ。

シェルターでのジャンナは強いストレスを抱えるあまり、やかましく鳴いては自分の腰や尻、尻尾を噛むようになった。こうした自傷行為のせいで身体はいつも唾液《だえき》でべとべとだ。ジャンナを苦しめる強迫観念を取り除き、新しい家を見つけてやりたい。そこで〈犬の里親さがします〉で里親を募集することにした。

スペインに連れてこられたジャンナは、異常行動がますますひどくなっていた。シェリ・ルーカスの家に一泊したときは、飾り棚の扉を開けて入ったり、裏庭に穴を掘ってもぐりこんだりした。オランダのシェルターでは不妊手術を行っていないので、僕たちは妊娠を疑ったほどだった。

獣医の診察の結果、ジャンナは想像妊娠だということがわかった。この四年間、発情期を繰り返したのに子どもを産めなかったせいだ。棚や地面の穴に入り込むのは、想像上の子犬を出産するための「巣ごもり」行動だという。奇妙な症状だし、当のジャンナもつらいだろう。僕たちはジャンナにホリスティック医学の治療を行うとともに、アジリティのトレーニングをさせて欲求を発散させた。ベルジアン・マリノアは体力が旺盛なので、毎日十分な運動をさせなくてはならないのだ。

ジャンナの里親を志願した三組の家族の中で、僕が注目したのはベルギーの一家だった。父親のスベンは労働災害の後遺症で働くことができず、歩くときは杖を手ば

なせない。慢性的な痛みを抱えて、深刻なうつ状態に陥っていた。そんな父親を献身的に支えていたのが、年齢のわりに早熟なひとり息子だ。欲得抜きでおたがいを支え合う家族がそこにいた。

ジャンナはリハビリに時間のかかる難しい犬だったが、この家族に迎えられるのが最善の選択だと僕は確信した。身体の痛みを克服しようとがんばるスベンは、ジャンナのリハビリにも大いに力になってくれるだろう。家族みんなとジャンナは、ひとつのチームになれる。里親選びの過程では誰もがたくさん涙を流した。里親志望のほかの家族もスベンたちのがんばりには心を打たれていて、彼らが選ばれたときはわがことのように喜んだ。

⑦ 人生をともに歩むために——犬に影響する転機七つ

人生には大きな変化がつきものだ。家を買ったり、パートナーができたり、赤ん坊が生まれたりと、人は大きな出来事をいくつも経験していく。大きな変化の波に飲み込まれ、先が見えないときでも、前を向いて歩き続けることが肝心だ。そして、将来に向けてどんな青写真を描くにしても、そこに愛犬の居場所をつくってほしい。犬だって、もちろん生活の変化に影響を受ける。だが僕の経験からすると、変化の荒波を乗り切る能力は、人間より犬のほうがはるかに高いようだ。

犬は、神様がこしらえた生き物の中でも指折りの適応能力を持つ。人間はというと、感情や記憶に振り回され、過去にしがみついたり、未来をやたらと恐れたり……それでいて現在のことは何も見ようとしない。

僕のリハビリが驚くほど短時間で効果をあげるのはなぜか？　その答えは簡単だ。第三章で説明したように、犬は「この瞬間」を生きている。先のことを案じたり、恐れたりしない。犬が従順でいられるのはそのためだ。僕たち人間も、「今、ここ」のことにだけ集中するすべを身につけることができれば、豊かに生きる動物たちの仲間入りができるだろう。

これまでの生活が大きく変化するとき、犬がその波にうまく乗れるようにするにはどうすればいいか。この章のテーマはそういうことだ。それなのに、なぜ人間の話ばかりしているのかって？　犬が変化に対応しきれないのは、人間のせいであることがほとんどだからだ。人生の転機に直面した人は、悲しんだり、気持ちが高揚したりと感情が激しく動くが、それが愛犬にも投影される。犬は人間の鏡なのだ。飼い主が、悲喜こもごもの感情やドラマ、善悪の判断が盛り込まれた「ストーリー」をいくら語っても、犬を見れば、その背後に隠された「真実」がわかる。簡単に言うと、僕は人間と犬を次のような足し算で理解している。

人間＝ストーリー＋感情＋エネルギー＋善悪＋過去／未来

犬＝真実＋人間のエネルギーを映し出す鏡＋善悪の概念はなし＋現在

離婚、死、誕生、新たな出会い――飼い主の人生を彩るこうした変化は、本人だけでなく飼い犬にも波紋を投げかける。もちろん犬は状況を理解しているわけではなく、飼い主のエネルギーを感じ取っている。

人生の転機を乗り切るための本はたくさんあるが、飼っている犬にまで目を向けたものはほとんどない。けれどもちょっとした準備と配慮さえあれば、愛犬の緊張をやわらげて、飼い主自身も変化を楽に乗り越えることができる。この章では、世界がどんなに変わっても、健全でバランスの取れた精神を保っていくヒントを紹介しよう。

☑ 〈人生の転機　その1〉
家を留守にする

通勤や買い物、旅行で家を留守にすることは、転機とは呼べないかもしれない。だが犬は社会性が強いので、群れから離れてひとりぼっちになると落ち着きをなくし、なかには分離不安を起こす犬もいる（第五章一七〇ページ参照）。人間にとっては日常のひとコマでも、犬にすると大変化なのだ。

犬がバランスを保つためには、家族が家を留守にするのは当たり前であり、心配することはないと理解させる必要がある。

1

「行ってきます」「ただいま」の練習をする。いつもより長く犬をひとりにするときは、事前に家族が出ていって、帰ってくるところを何度も見せる。通勤や通学ぐらいなら大騒ぎしなくてもいい。家族がリラックスして堂々としていれば、犬も落ち着いて見送ってくれるはずだ。

2

犬が穏やかでリラックスした状態のときに家を出られるよう、あらかじめ長い散歩をしたり、裏庭で思いきり遊んでやる。身体を動かすことで犬は興奮や不安が静まり、リラックスして家族を送り出すことができる。

3

仲間を見つける。仕事や学校で日中ずっと留守になる場合は、仲間がいると心強いし、犬もうれしい。昼食時に飼い主が帰宅できて、いっしょに運動できれば理想的だ。それが難しければ、散歩をさせてくれるペットシッターを雇《やと》って人と触れ合わせる方法もある。

4

退屈は最大の敵だ。犬は退屈すると不安になって破壊行為におよぶので、好きなおもちゃを身近なところに置いておく。遊びに夢中になれば、ひとりで不安な気持ちがやわらぐ。

〈人生の転機　その2〉
新たな出会い

離婚から一年後、僕はドミニカ出身のヤイーラ・ダルと出会った。番組の衣装を買いにドルチェ&ガッバーナのショップを訪れたときのこと。エレベーターでメンズフロアをめざしていたら、途中のウィメンズフロアでエレベーターが停止し、ドアが開くと彼女の姿が目に飛び込んできた。僕はそのままエレベーターを降りて、ヤイーラに自己紹介をした。彼女はセレブ相手のスタイリストをしている美しい女性だった。少し立ち話をしたあと、僕は食事に誘った。数日後には、ジュニアとチワワのココの写真を彼女に送っていた。

デートをするようになって数カ月、そろそろヤイーラを僕の群れ《パック》に紹介してもいいころだ。だが犬たちを前にして、穏やかで毅然としたエネルギーでいられる女性はそうはいない。まずはジュニアにだけ引き合わせた。そのときのことを、ヤイーラはこう振り返る。

「少し緊張したわ。だってジュニアに好きになってもらえなかったら、シーザーとの関係もそこで終わりだと思ったから。ジュニアは尻尾を振りながら、慎重な様子で近づいてきた。そして私の匂いを嗅ぎ、足元に座った。ジュニアが受け入れたことで、シーザーのほかの犬たちも続いてくれた。ほっとしたわ」

新しい恋が始まるときは、誰しも胸が高鳴るもの。でも恋人を犬に引き合わせるときは、手順を踏む必要がある。初めての人を紹介するときの簡単なルールを説明しよう。

▲顔合わせが大成功に終わり、ヤイーラとジュニアは同じパックの仲間になった。

1

焦りは禁物。新しい恋人の存在を隠す必要はないが、無理やり押しつけてもいけない。犬が恋人に親しみを覚え、穏やかで従順な態度でいられるようになるまで、「触らず、話さず、目を見ない」ルールを守る。

2

共同で作業する。おたがいの緊張がほぐれてきたら、食事の用意や散歩に参加してもらい、少しずつ役割を大きくしていく。新しい恋人を「お客さま」扱いしてはいけない。新しい関係に犬が参加するときのルール・境界・制限を決めて、徹底する。

3

前向き思考を忘れずに。もし顔合わせでぎくしゃくしても、そのことで恋人とけんかをしてはいけない。とくに犬の前では禁物だ。犬には人間の言葉は理解できないが、口論の雰囲気やネガティブなエネルギーと恋人を関連づけてしまう。

☑

〈人生の転機　その3〉

子どもの誕生

犬は人間の気持ちにぴったり波長を合わせている。子どもの誕生が近づき、両親がそわそわしはじめると、ただならぬ変化を敏感にとらえるだろう。生まれたばかりの赤ん坊に犬がどう反応するかも気をもむところだ。実際、家族が対応を誤って問題になった犬を僕はたくさん見てきた。そうならないためには、事前にきちんと準備しておくことをお勧めする。

1

リーダーシップを再確認する。子どもが生まれるまでおよそ九カ月。それだけの時間があれば、家族が増えたときの課題はほとんど解決できるし、ルール・境界・制限を根づかせることもできる。飼い主はパック・リーダーであることを再確認し、飼い犬がつねに穏やかで従順なエネルギーを保つよう心がける。

2

自分のエネルギーを意識する。妊娠中は、気持ちがたかぶったり、不安や心配にさいなまれたりするだろう。その感情は家族にも伝染する。犬は飼い主の鏡であることを忘れないで。

3

赤ん坊の匂いを先に持ち込む。赤ん坊を連れて帰る前に、匂いのついたブランケットなどを家に持ち込む。ブランケットを手に持ったまま、少し離れたところから犬に匂いを嗅がせる。こうすることで、ブランケットは飼い主のものであり、この匂い

▲赤ん坊を犬に会わせるときは、穏やかで毅然としたエネルギーで臨もう。

に近づくときは飼い主のルールに従わなくてはならないと教える。赤ん坊を尊重する気持ちを犬に芽ばえさせる第一歩だ。

4

子ども部屋の周囲に境界を設ける。最初は子ども部屋を立入禁止にする。目に見えない垣根を築いて、飼い主の許可なく越えてはいけないと教える。すでに赤ん坊の匂いに慣れている犬なら、おとなしく従うはずだ。最終的には、飼い主の監視のもと、部屋に入って匂いを嗅ぎまわることを認める。赤ん坊を連れて帰る前に、何度か練習しておくといい。

5

赤ん坊との対面は、飼い主がすべてをコントロールする。まず、犬を長い散歩に連れ出して、余分な体力を残らず消費させる。散歩が終わっても、穏やかで従順なエネルギーになるまで家には入れない。赤ん坊を抱く家族も、穏やかで毅然としたエネルギーで犬との対面に臨むこと。犬は赤ん坊の匂いを嗅いでもよいが、ある程度の距離を置くこと。最初は近づきすぎないように。犬が穏やかで従順なエネルギーでいれば、少しずつ距離を縮めても大丈夫。興奮する気配が出てきたら、対面はそこで終了。犬が落ちついているときにふたたび挑戦する。

6

犬への気遣いを忘れない。家族みんなが赤ん坊に夢中かもしれないが、ときどきは犬に関心を向けてやる。といってもわざわざおもちゃを与えたり、特別にかまったりする必要はなく、毎日の散歩と食事の世話をするだけでいい。それだけで犬は気持ちが落ちつき、赤ん坊の到来と家族の喜びをリラックスして受けとめることができる。

〈人生の転機　その4〉
新学期

夏休み明けの九月、僕の二人の息子であるアンドレとカルバンの新学期が始まると、家族の生活はがらりと変わる。朝は早起きして学校の準備をしなくてはならないし、放課後もスポーツや宿題などの予定がいろいろ入る。自由を満喫していた夏休みから、学校を軸に〝ルールと境界と制限〟を守らなければならない毎日に戻るのだ。最初の数週間は慣れなくて苦労するが、大変なのはアンドレたちだけではない。

長い休みが終わった新学期は、子どもたちには刺激的で楽しい日々の幕開けだ。でもそれは、飼い犬にとって孤独と退屈の時間が戻ってくることでもある。夏のあいだはかならず誰かが家にいたのに、秋になるとみんな学校や仕事に戻っていく。犬は自分だけ置いてけぼりだと感じて、落ち込んだり、分離不安を起こすこともある。

無気力、元気がない、食欲が落ちる、物陰に隠れたり縮こまったりする、遊びたがらない……そんな様子のときはうつ病を疑おう。うつ病と対照的なのが分離不安だ（第五章一七〇ページ参照）。激しく吠えたり鳴いたりする、ドアや窓、フェンスをひっかいて外に出ようとする、ものを噛んで破壊する、家の中で粗相するなどなど。分離不安の犬は家族が帰宅すると我を忘れて喜ぶが、うつ病の犬は寝床から出てこようともしない。

新学期のたびに様子がおかしくなる犬のために、この時期を乗り切るヒントをいくつか紹介しよう。

1

犬が参加できる朝の日課をつくる。決まりきった習慣はストレスをやわらげてくれる。毎朝家族の誰かが一五分だけ早起きして、犬を散歩に連れていったり、裏庭で遊んでやる。犬は自分が気にかけてもらっていると思えるし、余分な体力も発散できるので、家族の留守中に破壊行為に及ぶ危険も低くなる。

2

この章の最初で取り上げた、家を留守にするときの練習をする。子どもたちは犬をかわいそうに思うかもしれないが、出かけるときに情けは無用だ。子どもたちの揺れ動く心を、犬はそのまま映しとるだろう。家族が帰宅したときも、大げさに騒ぎ立てないこと。

3

夕方の日課をつくる。一日を終えて疲れて帰宅したあとは、夕食の準備や宿題もあって犬のことをつい忘れがちだ。でも犬は家族の帰りを首を長くして待っていた。体力だって充分残っている。夕食をすませたら、犬を外に連れ出して運動させたり、遊びの時間をつくってやろう。

☑ 〈人生の転機　その5〉
別離

結婚生活が終わりを迎えた。家や車、家具といった財産は二人で分ければいいし、それで気持ちの踏ん切りがつく。けれども、子どもとペットは半分ずつというわけにいかない。親権をめぐる争いもよく耳にする。僕が前妻のイリュージョンと離婚したとき、アンドレは母親と、カルバンは父親である僕と暮らすことを選択した。このような生活の変化は家族にも大きな負担だが、人間の緊張感や不安感をそのまま受け止める犬にも過酷な試練だ。

パートナーと別々の道を歩むことになったとき、愛犬の負担をなるべく軽くするヒントをお教えしよう。

1
所有権争いは避ける。法律上は、犬も自動車や家具と同じく財産として扱われる。どちらが犬を引き取るかは話し合いで決着させよう。法廷に持ち込むようなことは避けたい。子どもが犬のことを大好きなら、できるだけ引き離さないようにする。最近は、別れるときに無用の争いにならないよう、結婚合意書に犬の所有権を明記するカップルも増えてきた。

2

子どもに配慮する。犬を飼っている家庭の子どもは、離婚後もストレスが少ないという調査結果がある。環境や人間関係が激変する時期に、犬という仲間がいつもそばにいることは、子どもにとってさぞ心強いことにちがいない。

3

問題行動に気をつける。飼い主の離婚をきっかけに、それまでなかった攻撃性を見せる犬がいる。家庭内の張りつめた空気は、家族だけでなく犬もまともに影響を受けるのだ。居心地の良くない環境の中で不安をやわらげ、息抜きをさせるためにも、運動を欠かさずさせてやろう。

4

離婚によって環境はまちがいなく変化する。その事実を認めて、冷静に対応すること。離婚したあと面倒を見きれなくなったり、新しい恋人が犬嫌いだったりして、シェルターに持ち込まれる犬がとても多い。

5

心が休まらないときでも、穏やかなエネルギーでいられるよう努力する。犬は人間の気持ちを鏡のようにそのまま映し出すことを忘れないで。毅然としつつもリラックスしたエネルギーを放つように心がければ、犬はもちろんのこと、家族みんなが救われる。

〈人生の転機　その6〉
引っ越しと旅行

米国人は平均して五年に一度は引っ越しをするという。となると、飼い犬も生涯に二〜三回は引っ越しを経験することになる。引っ越しは人間にとってもストレスがのしかかる変化であり、ましてや犬にとっては相当な負担だ。長距離移動をともなう引っ越しのとき、愛犬が新しい家に早くなじむための工夫を紹介する。

1

獣医の健康診断を受ける。犬の体調が長距離の移動に耐えられるかどうか見てもらい、必要なら事前に処置をしてもらおう。犬は七二時間以上飲まず食わずでもがまんできる。僕はジュニアと世界中を旅しているが、出発の日は朝から食べ物は与えない。

2

練習する。宇宙飛行士は打ち上げ前から、狭苦しい空間に閉じ込められ、選択の幅が少ない宇宙食で過ごす訓練を受ける。過酷な環境をあらかじめ経験しておけば、本番でパニックにならずにすむだろう。犬も同じことだ。旅行や引っ越しで使うキャリアやケージは、最初は短時間から始めて、少しずつ慣らしていく。毎回同じものを使うことも大切だ。

3

キャリアやケージを、前向きな感情に関連づけてやる。狭いところに閉じ込めてかわいそうとか、ひどい扱いだと腹を立てたりすると、その感情を犬が受けとめてかえって不安になる。

4

情報収集と準備は入念に。引っ越し先が海外のときは、検疫《けんえき》の規定をよく調べておく。国によって持ち込み禁止の犬種もある。手続きに手間どって、検疫所に長期収容されることのないように。不幸にも検疫所行きになってしまったら、時間の許すかぎり毎日会いに行ってやり、許可がおりれば散歩をさせてやろう。

5

ホテルの下調べをする。車で移動するときは、ペット宿泊可のホテルを予約する。車内で寝かせるのはだめ。ホテルの部屋で吠えたり唸ったりするのは、緊張を伝えようとしているからだ。共感を示し、たくさんかわいがってやろう。長い散歩で体力を消耗させることも必要だ。

6

出発前に運動をさせる。移動手段に関係なく、出発する日の朝はいつもよりたっぷり運動させて、体力を消耗させておいたほうがいい。体力がすっかりなくなっていれば、移動中も大きなストレスを感じなくてすむからだ。

〈人生の転機　その7〉

家族の死

ジャーマン・シェパードのカピタンは、アルゼンチンのコルドバに住むマヌエル・グスマンという男性に飼われていたが、彼は二〇〇六年に世を去った。カピタンは飼い主のいなくなった家から姿を消してしまう。一週間後、グスマンの墓の前に座っているカピタンを遺族が発見した。それから六年間、カピタンは墓地の管理人に食事などの面倒を見てもらいながら、亡き飼い主の墓守を続けたという。

群れ《パック》のメンバーや仲間を失った犬は、食欲が落ちたり、ぼんやりしたり、ときには過剰に愛情や関心を求めたりする。群れに所属できているという確信が揺らいでいるのだ。もういない仲間の匂いがどこかに残っていないか、家のまわりを歩きまわったりもする。

大切な仲間を失った犬が、悲しみをくぐりぬけて立ち直る手助けをしてあげよう。

1

犬にも死を悼《いた》む心があり、それは食欲不振や活動の停滞という形で表われる。これは自然な反応だ。

2

犬は「死の匂い」を感じ取る。遺体が身に着けていたものを嗅がせることで、死んだことを納得できる。

3

日課を変えない。沈み込んだ様子だからといって、いきなり活動を減らすのは良くない。むしろこういうときこそ、長い散歩が必要なのだ。道順を変えたり、新しい場所に行ってみれば気分転換になる。かわいそうに思って甘やかすのではなく、強いリーダーシップを示しながら、日課は淡々とこなしていく。

4

人生は続く。できるだけ早いうちに、新しいことに挑戦させたり、新しい環境を与えたりしよう。そうすることで、犬は「人生はこれからも続く」のだと理解する。

人生で大切なことを犬に教わってきた僕だが、初めて僕の右腕になったピット・ブルのダディが死のまぎわに教えてくれたのは、いちばん重要で、いちばんハードルの高いレッスンだった。一六年間ダディといっしょに働くことができて、僕は幸運だった。「受け入れる」とはどういうことか、ダディは身をもって教えてくれた。どこへ行っても、彼は平和の使者になった。猫も、ウサギも、ピット・ブルを毛嫌いする人も、ダディはすべてを受け入れた。

ダディの生命が燃え尽きようとしていた二〇一〇年二月、僕は不思議な体験をした。ダディがはちみつ色の瞳で僕をまっすぐ見つめたのだ。そのまなざしは一直線に僕の心に届き、激しく揺さぶった。それから数日後、ダディは息を引き取った。あれはダディからのメッセージだったと思う。そのころの僕は、ビジネスでも人間関係でもぬるま湯につかっていた。人生にあぐらをかいていたのだ。そんな僕に、ダディは「す

▲16年間ともに歩んだ盟友ダディ。

べてをがらりと変えろ」と発破《はっぱ》をかけてくれた。

ダディの死に、僕と家族は打ちのめされた。彼がこの世にいないことを嘆《なげ》き悲しみ、生前の姿やふるまいを思い出して語り合った。およそ二カ月後、ピット・ブルのジュニアが僕の右腕になった。それはとても自然な流れだった。ドッグ・サイコロジー・センターの丘の上をジュニアと歩いていたときのことだ。ジュニアがふと僕に向けたまなざしが、かつてのダディにそっくりなことに気がついた。限りない愛と励《はげ》ましが込められたジュニアの目は、僕にこう語りかけていた。「シーザー、心配はいらない。僕はここにいてきみを支えるから。でもきみも僕を支えてくれ」

人生の転機に直面したとき、パック・リーダーとして群れ《パック》を率いて変化を乗り切る。それはパック・リーダー自身が大きな困難を乗り越えることにもなる。リーダーはもちろん、群れ《パック》のメンバーがひとりでも過去にとらわれたり、先のことを案じていたりしたら、変化に飲み込まれてしまうだろう。

人生の転機は、パック・リーダーとしての力量を試し、リーダーシップに磨きをかける試練でもある。困難なときにこそ、リーダーシップが必要とされる。自然災害や経済的打撃など、人生が一変する出来事に襲われながらも、それをばねにすばらしい力を発揮した飼い主と愛犬を僕はたくさん見てきた。自然に波長を合わせ、九つの原理に基づいて行動すれば、僕たちは今以上に力強く、自信を持って前に進むことができるはずだ。

⑧ 三つの実現の法則

アスペン・アニマル・シェルター友の会が、夏にコロラド州アスペンで「シーザー・ウィスパーズ・イン・アスペン」というイベントを開催していたことがある。アスペンは避暑地として名高いだけに、愛犬家だけでなく、裕福な避暑客も集まって大いに盛り上がった。僕の講演会には、フォーチュン500に名を連ねる一流企業のトップのほか、芸能人や政治家といった有名人の顔がずらりとそろっていた。

そんな聴衆を前に、犬について話し、「パック・リーダー」としての心得を説いてほしいというのが講演の依頼内容だった。メキシコの貧しい家に生まれた僕が、米国で最も成功した人々に何を語れるというのだろう？　けれども実際に話をしてみると、愛犬との関係をより良いものにする秘訣は、飼い主自身の人生まで変えてくれることが明らかになった。その秘訣こそが「実現の法則」だ。

「実現の法則」は、たくさんの犬と人々に接してきた僕の経験から編み出されたもので、リーダーとしての力を手に入れるいちばんの近道だ。「犬のおきて」と「九つの原理」を守りながら、運動・しつけ・愛情を（あくまでこの順序で！）実践していく（第四章一〇四ページ参照）ことで、リーダーの資質が培《つちか》われていく。本能的な感覚が研ぎ澄まされ、穏やかで毅然としたエネルギーを放てるようになるのだ。実現の法則をマスターして、愛犬や大切な人、そしてあなた自身との関係をより良いものにしてほしい。

実現の法則はそれ自体はシンプルだが、実践を続けるのは簡単ではない。もし誰でも簡単にやれるようなら、僕はとっくに失業している。犬が心身のバランスを取り戻し、みんなをハッピーにしてくれる実現の法則だが、その効果を実感するにはある程度時間がかかるし、熱意をもって取り組む必要がある。うまくいかないときがあっても投げ出してはいけない。何より、自分の生活を正直に振り返り、バランスが崩れている部分を見つけださなくてはならない。

実現の法則をマスターするために、これから三つに分けて説明していこう。

〈実現の法則　その1〉
運動

バランスの整った群れ《パック》をつくるための第一歩は運動だ。それは、実現の法則の第一ルールでもある。僕は人生でどんな困難に直面したときでも、運動で自分を取り戻してきた。運動は緊張やストレス、余った体力を解放してくれるし、目的が明確になり、やる気が出て、持続力がつく。

ことに人間の場合、運動が精神にもたらす効用も無視できない。気分が上向きになり、古い殻《から》を脱ぎ捨て、重荷をおろすことができる。僕は離婚をしたあと、人生の軌道修正が必要だと感じて毎朝四時半に起きることにした。そして朝いちばんの新鮮なエネルギーで、犬といっしょにランニングしたり、ボクシングで汗を流したりした。

運動は良いことだ。みんな頭ではわかっているが、定期的に運動をしている人は米国人の二五パーセントしかいない。犬とともに生きるには、もっと激しい運動が欠かせないと僕は考えている。激しい運動を続けていけば、眠りの質が向上して、見た目が若々しくなる。思考が明晰《めいせき》になって、寿命も延びるだろう。循環器《じゅんかんき》学の専門誌に発表されたある研究によると、テレビを見る時間が一時間長くなると、心臓関連の疾患で死ぬリスクが一一パーセント上昇するという。

この瞬間に動き出せ

カウチに根を生やさないためのいちばんの方法は、犬を飼うことだ。カナダのホームセンターチェーン「カナディアン・タイヤ」で事務員をしていたある青年は、重度の肥満だったが、僕の番組に刺激されて愛犬と運動をするようになった。その結果、五〇キロ近い減量に成功し、犬の散歩代行ビジネスの副業も始めた。別人のように引き締まった彼は、心身ともに充実した日々を送っている。

ドッグ・サイコロジー・センターを囲む丘陵地を犬たちと歩いていると、「この瞬

▲ 余分な体力を使い切るには、犬とインラインスケートを楽しむのもひとつの方法だ。

間を生きている」感覚で全身が満たされる。母なる自然とつながって、自分の身体に良いことをしていると実感できるのだ。五〇匹もの犬を散歩させているとき、何を考えているのかと質問されることがあるが、答えはこうだ――何も考えていない。僕にとって、犬の散歩は感じる場であって、考える場ではない……静けさと平和を感じる時間なのだ。

犬の散歩をストレスに感じる人は多い。よその犬がかまってきたり、犬嫌いなご近所さんに遭遇したらどうしよう。犬が吠えたり、歩くペースが速すぎてついていけなかったら……？　そんな心配にとらわれている状態は、「この瞬間を生きる」ことにはほど遠く、心の平安を得ることはできないだろう。米国の犬は、世界でいちばん運動不足だ。もちろん飼い主もストレスをためまくっている。

今日の散歩は、「この瞬間」だけに集中してみよう。職場で起きたことや、子どもたちの学校のことはあえて考えない。愛犬が興奮したり、悪ふざけをするのではないかという心配もしない。穏やかで手ごたえのある時間を思い描きながら、目の前の風景、鼻をくすぐる匂い、歩きながら聞こえてくる音に集中するのみ。気持ちが揺れて、不安が頭をもたげてきたら、自分の呼吸に意識を向けるといい。第四章の実用テクニックを実践するのもお勧めだ。

適切な運動量とは

犬の運動量は、エネルギーのレベルや身体能力、犬種の特徴によって変わってくる。高齢でエネルギーレベルが低い犬は、近所をひと回りするだけでへとへとになる。

いっぽうワーキング・グループ、スポーティング・グループ、ハウンド・グループの犬種は、一時間以上の散歩が必要だし、ランニングやハイキングも追加したいところだ。子犬は元気いっぱいだが、筋肉が充分に発達していないので、あまり激しい運動はできない。体力を使い果たしたら、とたんに休息モードに入る。

以上のことを踏まえて、犬を運動させるためのポイントをまとめてみた。

1

熱中症に注意。これは人間も同じだ。人間が暑いと感じるときは、犬はもっと暑い。暑さが真っ盛りの時期は、時間帯を早朝や夕刻にずらそう。水も充分に用意すること。口を大きく開けてハアハアと苦しそうにする、大量の唾液を出す、歯茎が乾いて血の気が薄れてくる、嘔吐《おうと》や下痢《げり》が起きるといった変化が見られたら、熱中症の危険がある。すぐに獣医に見てもらおう。応急処置としては、常温もしくは微温の水（氷のように冷たい水はダメ）を全身にかけ、風を送ってやる。

2

決まったスケジュールを続ける。一週間何もしないで、週末にいきなり三キロ走ったら、人間でも犬でも関節によけいな負担がかかる。それだったら、距離の短い散歩を何回もするほうがいい。できれば一日に二回。毎日散歩に行くことが難しければ、室内でできる運動を工夫して日課にしよう。

・階段をのぼりおりさせる。

・家にあるものを使ってアジリティの障害物コースをつくる。もちろん飼い主の監視のもとで。

・おやつを隠して探させる。

・「取ってこい」をする。

・トレッドミルでウォーキングをさせる。

3

足のトラブルに気をつける。夏の昼間はアスファルトが高温になっている。子犬は肉球がまだ柔らかいため、やけどをして皮がむけてしまうこともある。肉球が充分に厚みを持ち、硬くなるまでは、芝生などのやわらかい地面を歩く時間をつくろう。成犬でも暑い日の午後はアスファルトでやけどをすることがある。表面が白っぽいコンクリートのほうが、熱がたまらないので安全だ。気温が高い日は、通りや駐車場を歩く距離をできるだけ減らし、ときどき草の上を一歩かせる。飼い主が裸足《はだし》で立ってみて、熱くて歩けないようなら犬も無理だ。

4

犬と自分の限界を知る。穏やかで従順なエネルギーの犬は、これ以上運動できないと思ったら教えてくれる。飼い主も「この瞬間」に集中していれば、そんな犬の気持ちをすぐに察するはずだ。散歩の途中でどちらかが疲れたら、迷わず座って小休止だ。ふだんの犬の限界を知っておけば、病気などの異常にもいち早く気づくことができる。一日三回、長い散歩に喜んで出かけていた犬が、急に歩くのを渋るようになったら、獣医に連れていったほうがいい。

運動は犬だけでなく、飼い主にとっても大切な習慣だ。正しく続けていけば、犬はバランスが保たれ、飼い主は身体が引き締まり、両者のあいだに心の絆が生まれる。

☑ しつけ

〈実現の法則　その2〉

「支配」「コントロール」と並んで、「しつけ」という言葉にも抵抗を覚える人が多い。けれども英語で「しつけ」を意味するdisciplineという言葉は、元は「生徒」「生徒が受ける指導」を指すラテン語に由来している。しつけとは懲罰《ちょうばつ》を与えることではなく、犬がチームの一員としての立場を学び、ほかのメンバーと協力できるよう指導することなのだ。

米国にやってきて最初に気づいたのは、犬がとことん甘やかされていることだった。犬は好きなものを食べ、好きなところで寝て、好きなところに座る。寝床がいくつも用意され、おもちゃもたくさん与えられ、おやつも食べ放題。メキシコの犬は自分の寝床なんてないし、人間相手にふざけて追いかけっこなどしようものなら叱りつけられる。愛犬におもちゃや寝床を与えること自体はまちがっていない。問題は犬を小さな人間のように扱うことだ。それでは犬と人間の境界がコントロールできない。しつけのできていない犬は、飼い主が何を命令してもどこ吹く風だ。だがそんな犬でも、ルールと境界を明確に定めてやると見違えるように変わる。

実は僕も、少し前に同じような状況を経験した。家族生活がバランスを失ってしまったのだ。きっかけは、精神科医からの一本の電話だった。離婚後も僕のもとで暮らしていた息子のカルバンに、ＡＤＨＤ（注意欠陥・多動性障害）の投薬治療をするというのだ。

離婚は子どもたちに深い傷を残した。家族が二つに分かれて暮らすようになり、カルバンの人生に不穏な影が差してきた。砂糖のかかったシリアルやスナックバーが食事代わりになり、ふさぎこみ、疲れてやる気が出ない。学校の成績も下降して、おとなに反発するようになった。

精神科医からの電話で、僕は大切なことに気づいた――今のカルバンに必要なのは、おとなの理解としつけだ。離婚によって、家庭の決まりごとはすべてご破算になった。パック・リーダーが不在の家になったのだ。ルール・境界・制限をもう一度確立して、運動・しつけ・愛情を実践するのは父親である僕の役目だ。息子のために安心できる

▲しつけは犬のニーズを実現するうえで不可欠なものだ。

環境を整えてやり、心身のバランスを取り戻す手助けをしてやらなくては。

禅の思想家がこんなことを言っていた。「しつけとは、自分が何を欲しているかを正確に思い出すこと」だと。カルバンを救うために僕がやったことは、まさにそれだった。カルバンにはどんな子になってほしいのか、もう一度自分に問い直す。そして自分はどんな親になりたいのかを思い出し、それを実践することにした。僕はカルバンのために、強力なサポートチームを結成した。僕とヤイーラ、カルバンの状態に配慮してくれる新しい学校、スポーツや趣味をいっしょにやれる新しい友達だ。チームの努力が実って、カルバンは薬をやめて、健康的な生活に戻ることができた。

しつけとは、ふらついた心を正しい位置に戻してやること。それにはルール・境界・制限を理解し、守ることが大切だ。カルバンと僕が、それぞれの心を正位置に戻し、エネルギーの道筋をつけるために実践したことを簡単に紹介しよう。

1

遠慮もためらいもなく、これがほしい！と思う気持ちが抑えられなかった経験はないだろうか。今までの人生を振り返って思い出してみよう。そのときほしかったのは、恋人、仕事、それとも家族からの評価？　周囲の反応や時間を気にせず、本能のままに動いていた子ども時代からたどってみるといいかもしれない。

2

そのとき自分は何を考え、どう感じていたか書き出してみよう。制限時間は一〇分。どんなことを望んでいたか。そのときのエネルギーや感情は？　どうしてもほしいものを手に入れるために、どんな障害を克服した？

3

今抱えている問題に、そのときと同じように取り組んだらどうなるか書いてみよう。仕事や人間関係、愛犬との接し方、自分自身との付き合い方が変わってくるだろうか。

4

いつでも好きなときに1のような気持ちになって、目標を実現させるには、どんなきっかけが必要だろう？　三つ考えてほしい。

〈実現の法則　その3〉
愛情

愛はこの世でいちばんすてきな贈り物。僕は犬を愛してやまないが、その理由はたくさんある。犬は愛情豊かで、無償の愛を与えることができる生き物だ。とはいえ人間が愛情を与えるタイミングをまちがえると、犬のためにならない。おろしたての靴を噛んだ犬に愛情を与えてはいけない。ルール・境界・制限が必要なのは動物も人間も同じ。犬を愛するときも、この原則を忘れないようにしよう。「ごほうびで釣る」作戦はお勧めできない。ごほうび作戦は、人間相手でも長続きしないものだ。

愛情表現にはいろんな形がある。食事を与えるのはもちろんだが、ブラシをかけてやったり、なでたり、おやつを与えたりするのも愛情だし、感謝を表現したり、好きなおもちゃや仲良しの犬と遊ばせてやるのも愛情表現だ。

どんな形であれ、大切なのは犬が穏やかで従順なエネルギーでなければ、愛情は与えないということ。興奮したり、不安や恐怖に襲われているときにかわいがられると、

▲犬が与えてくれる無償の愛は最高の贈り物だ。

犬は混乱する。犬はこの瞬間だけを生きているので、愛情を注がれると「そのままでいいんだよ」というメッセージに受け取ってしまうのだ。愛情をかけるタイミングを誤ると、問題行動は助長される。悪いことをすれば飼い主の気を惹けると刷り込まれるのだ。

人間の愛情はもう少し複雑だ。第二章（四二ページ参照）にも書いたように、犬は本能だけで行動するが、人間には知性と感情がある。そのため愛情表現の幅は比較にならないぐらい大きいし、愛するときの心模様もいろいろだ。軽く抱きあって元気づけたり、ハイタッチで祝福したり、濃密なキスで深い愛を伝えることもある。人間は感情豊かな生き物なので、愛情を表現する場面も、そのやり方もさまざまだし、愛されたいがゆえに決まりごとを守ったり、つらいことも努力できたりする。バランスの取れた人ほど、たくさんの愛情を与えたり、もらったりできるだろう。実現の法則のなかで、いちばんやる気をかきたててくれるのが愛情だ。

実現の法則を理解したところで、次章ではそれを実際の生活に応用して問題を解決したり、誰かの役に立ったりした実話を紹介しよう。登場する人々の体験談に、きっと感銘を受けるはずだ。

⑨ 愛犬とともに輝く人生

「実現の法則」は、パック・リーダーの力を最大限に発揮する最も優れた方法だ。運動・しつけ・愛情の三つを徹底することで、人生で直面するどんな状況も乗り切れるようになる。本能的な感覚が鋭く、穏やかで毅然としたエネルギーを発散できる人は、あらゆる場面で大きな手ごたえを感じられるだろう。

たくさんの犬と飼い主に接するなかで編み出された原則とテクニックは、人間の生活にもそのまま役立つ。僕も家族関係に亀裂が生じたり、仕事がうまくいかなくて、自尊心が持てなくなったとき、これで何度も救われた。

無敵のライフガードチーム　アンガス・アレグザンダー

サンタモニカ・ピアのすぐ隣のビーチに、ロサンゼルス郡消防署のライフガード本部がある。ここで、全長一二〇キロ近くになるロサンゼルス郡の海岸線を統括しているのがアンガス・アレグザンダーだ。血色の良い頑強な肉体は若者にもひけをとらず、五〇歳にはとても見えない。沿岸警備隊、ロサンゼルス郡保安局と協力し、六〇〇人ものライフガードを率いて海辺の安全を守り、捜索・救出活動を指揮している。

日々の激務をこなす秘訣は？「運動・しつけ・愛情をこの順序で実践すること」とアンガスは答える。「ルール・境界・制限も徹底しているよ」

アンガスは僕のテレビ番組の大ファンだ。飼っている黒のラブラドール・レトリバー、ジャックに救助テクニックを仕込んだ経験をもとに（デモ動画はユーチューブで見られる）、人間にも応用してみようと思い立った。ライフガードの朝は早い。集合したら、まず準備体操だ（**運動**）。次に砂浜の清掃、レスキューボードのワックスがけ、その他用具のメンテナンスをする（**しつけ**）。それが終わればごほうびだ（**愛**

▲ビーチをパトロールするアンガス・アレグザンダーとジャック。

情)。

「僕の妻は料理名人なんだ」とアンガスは言う。「うちのライフガードの連中は、きちんと身体をケアして仕事をまじめにこなせば、夢のようにうまいパスタにありつけるんだよ」

アンガスのもとで活動するライフガードたちは、年間一万回近いサーフレスキューをこなしている。一〇年前にくらべて溺死者は半分に減少した。これほど結束力が強く、集中力の高いチームはほかにない、とアンガスは胸を張る。

愛犬も飼い主も健康に　ジリアン・マイケルズ

実現の法則でめざすのは、愛犬を健全で安定した状態にすること。けれども実際に指導していると、飼い主がパック・リーダーの役割をきちんと引き受ければ、愛犬だけでなく飼い主自身にも好ましい影響が出ることがわかる。

実現の法則で最初にやるべきことは運動だが、ジリアン・マイケルズはいわばその道のプロだ。人気テレビ番組〈ザ・ビッゲスト・ルーザー〉でフィットネス・トレーナーを務めるジリアンだが、実は大の犬好き。始まりは太りすぎだった少女時代にさかのぼるという。「ひとりぼっちの私には犬しかいなかった。きょうだいみたいなものよ。孤独な暗黒の日々に寄り添ってくれたのが犬だったの」

苦労の末に肥満を克服したジリアンは、太りすぎに悩む人々の意識改革に力を入れている。彼女は三匹の犬の飼い主でもある。イタリアン・グレイハウンドのミックス犬のセブン、テリアのミックス犬のハーリー、そしてチワワのリチャードだ。エクササイズの専門家であるジリアンだが、セブンのことでは別の分野の専門家が必要だと

▲ビーチでジリアンと愛犬談義。

感じて、僕のところにやってきた。セブンは、ジリアンの愛馬との関係が最悪だった。馬を見ると歯をむき出して唸り、足元を走り回る。セブンか馬のどちらかが、いつかけがをするのではないか。ジリアンは気が気でなかった。

僕はセブンのリハビリをするいっぽうで、同じトレーナーどうしということでジリアンともたくさん話をした。実現の法則と、その実践方法を学んだ彼女は、セブンの問題行動を完璧に修正することができた。「魔法みたいだけど、でもそうじゃない。いろんな角度から、それまでと違う態度で接するようにしたら、性格ががらりと変わったのよ」

ジリアンの仕事は、摂食障害や肥満に悩む人への指導が多い。日課を決めてきちんとこなすことが大切だと彼女は説く。そんなとき、犬はまたとない相棒になってくれる。「カウチでごろごろしたいと思っても、愛犬が鼻で押したり、服を引っ張ったり、せがむような声で鳴いたりして、散歩を催促するの。それをうっとうしいと思うのではなく、身体を動かすきっかけにすればいい」

実現の法則を理解したジリアンは、それをもとに新しい発想でクライアントに接するようになった。「時間をかけて話を聞きながら、行動の背景を探っていくの。壁にぶつかったときはあえて目先を変えて、同時に深く掘り下げていくのよ。まず行動を変えることが重要なの」

助けを必要とする人に容赦《ようしゃ》なく真実を突きつけるジリアンだが、愛情を込めて支えてあげることも忘れない。「犬のエネルギーはどこまでも純粋で、無条件の愛を捧げてくれる。飼い主が自分は醜《みにく》いと思っていたり、誰にも愛されてないといじけていても関係なし。もちろん会社をクビになったばかりでも、犬は力いっぱい愛してくれるはずよ」

人生の方向転換　シーザー・ミラン

アンガスとジリアンは、実現の法則に出会って人生がさらに輝いた。でも僕の場合は、実現の法則が人生の救世主になってくれた。

僕が提唱する「原理」で人生が変わったという話はいろんな人から聞くが、いちばん心を揺さぶられたのはマイクという男性の体験だった。

二〇一一年一一月、僕とマネージャーは本の宣伝でカナダのトロントを訪れた。書店をまわって、本にサインをしたり、握手をしたり、写真撮影に応じたりするのだ。あわただしい一日が終わろうとするころ、三〇歳ぐらいのやせこけて顔が青白い男性がおぼつかない足取りで近づいてきた。マネージャーがいくら制しても彼はひるまず、とうとう僕の目の前にやってきた。

「僕はマイク。エイズ患者なんだ。今日ここに来たのは、僕の生命を救ってくれたお礼を言いたかったからだ」僕は一瞬凍りついたが、すぐに彼の手を握り、力いっぱい抱きしめた。

エイズを発症して入院したマイクは、生きる希望をすっかり失っていた。そのときたまたまテレビで〈ザ・カリスマ ドッグトレーナー〜犬の気持ち、わかります〉を見た。カナダでは一日に何話も放送していたので、マイクはテレビに釘付けになった。

やがてマイクは、パック・リーダーの基本原理を実践してみることにした。もちろん「運動・しつけ・愛情」という実現の法則もだ。自分の病気を認め、受け入れると、少しずつ目的が芽ばえてきた。ピット・ブル並みの決断力で、マイクは人生をもう一度生きてみようと心に決めた。

病気にがんじがらめになり、足を踏みだすこともできなかったマイクを変えたのは、運動・しつけ・愛情という実現の法則だった。それを日々の日課に取り入れるうちに、生きる意欲がかきたてられ、病気に打ち勝つ闘志が湧いてきたのだ。自分のやってきたことで誰かの生命が救われたとしたら、これほどすばらしいことはない。僕は何て幸せ者だろう。

トロント国際空港に向かうタクシーの中で、マイクの話をもう一度思い返した。苦難の道をたどる彼の救いになれた——そう思うと僕は感極まって泣き出してしまった。

僕の人生も、その一年前から大きく変わっていた。きっかけは、前妻のイリュージョンから離婚を切り出されたことだ。その瞬間から、僕の人生は苦痛と不安の旅になった。けれどもどん底から抜け出したとき、僕は強く、賢い男に成長していた。人生の幸運に深く感謝し、立派なパック・リーダーになる決意をいっそう強くするようになったのだ。

離婚の話が出たのは二〇一〇年三月。つい一カ月前にピット・ブルのダディを亡くしたばかりだった。ダディの死には打ちのめされたが、時がたてば悲しみもやわらぐだろう。そう思っていた矢先のことだ。僕は駆け足のヨーロッパ・ツアーでアイルランドのダブリンに来ていた。ロサンゼルスの自宅から国際電話がかかってきたのは、七〇〇〇人の聴衆を前に講演する日の朝だった。万事が順調だと思っていたところに、イリュージョンから離婚したいと告げられたのだ。人生が考えてもみない方向に進もうとしていた。優れたパック・リーダーとして世界中の愛犬家を指導する立場の僕が、自分の人生のかじ取りさえできないなんて。

テレビ番組の制作に忙殺されるなか、二人の子どもを育てていたイリュージョンと僕は、おたがいの性格になかなか折り合いをつけられなかった。別れては復縁することを繰り返しながら二〇年。まだまだ先は長いと思っていたところに、突然の終止符だ。心の準備はまったくできていなかった。

離婚をきっかけに、ありのままの現実がいやでも見えてきた。ビジネス関連の契約を洗い出したところ、とんでもない状況が明らかになった。大事な権利やネーミングを手放していただけでなく、ありえないような契約まで結んでいた。ビジネスのパートナーはおいしいことを言っていたが、契約書の内容はまるで違っていた。「ドッグ・ウィスパラー」の名称さえ、僕は権利を持っていなかったのだ。

僕の手元にあるのは、自分の服と車、それにドッグ・サイコロジー・センターだけ。あとはテレビ番組から家族で暮らした自宅まで、何もかもが他人のものになっていた。財務状況を調べたマネージャーに、破産状態だと宣告された。人気テレビ番組を七年もやってきたのに、借金しか残っていないというのだ。訳が分からなかった。

最初は怒りしか湧かなかったが、それが静まると、僕はドッグ・サイコロジー・センターに引きこもった。もう誰にも会いたくなかった。ネガティブなエネルギーが充満して、何時間もぼんやりと考え事をした。そんな僕の苦悩と悲しみは、そばにいた犬たちにも伝わった。ダディが生きていたころは二〇匹もいた群れ《パック》は、ほんのひと握りに減ってしまった。パック・リーダーが不安定なことを感じ取った犬たちは、ここにはいられないと離れていったのだ。自分自身の問題を解決できないうえに、群れ《パック》もまとめられない……僕は目の前が真っ暗になった。

強いストレスを受けてバランスが崩れると、犬はたちまちネガティブな状態に陥り、パニックになる。ほかの犬や人間との接触を避け、無駄吠えをしたり、地面を掘ったり、噛みつきやなわばり争いも起きる。僕は今まで、そんな犬をたくさん見てきたし、立ち直る手助けもしてきた。けれども自分の身に起きてみると、立ち直るのは一万倍も難しかった。

野生動物のような激しい衝動が僕を襲った。何もかもぶち壊してしまいたい。ビジネスも、周囲の人々も、そして自分自身も。こうなったのはすべて自分のせいだ。僕は挫折《ざせつ》感に圧倒され、自信は跡形もなく消えていた。

あのころの僕の心境を知っていたのは、弟のエリックとマネージャーだけだった。息子たちや仕事仲間、両親とも連絡を絶ち、自分に生きる意味はあるのかと悩み続けた。そう、トロントで出会ったマイクのように。

二〇一〇年五月、とうとう食事がのどを通らなくなった。八〇キロ近くあった体重が、たった四〇日で六一キロに激減した。仕事もやめてしまい、一日に四時間しか眠れなくなった。イリュージョンとは別居していたものの、まだ正式に離婚はしておらず、修復の道を探っていた。だが話をしようにも、まともな会話にすらならない。もうだめだと僕はやっと悟った。

人生に絶望した僕は、おろかなことをやってしまった。薬を飲んで自殺を図ったのだ。どんな薬を何錠飲んだのか覚えていない。気分が最悪で、ともかく逃げ出したかった……。気がつくと僕は病院にいた。救急車で運ばれるあいだ、メキシコにある祖父の農場に連れていってくれと懇願《こんがん》していたそうだ。

翌日、経過観察と称して精神科病院に移された。三日後には退院できたが、このとき僕は心に決めた。自分の内なるバランスを取り戻し、人生の新しい目的を見つけよう。そのためには、これまで見いだしてきた原理と実現の法則を、もう一度学びなおすところから始めなくては。

運命が定めた道筋に逆らうことはできない。それは受け入れるしかないのだ。そう思ったら、くすんでいた世界が明るくなってきた。力が出てきて、食欲が湧き、夜も眠れるようになった。身近な人々と、ドッグ・サイコロジー・センターに残っていた犬たちに支えられて、僕はゆっくり前進を開始した。まずは運動の日課を再開し、生

▲ 2012年のナショナル・パック・ウォーク。パック・リーダーの名誉と責任を痛感した。

活に「ルール・境界・制限」を定めた。それが軌道に乗ったところで、僕にやる気と刺激を与えてくれた友人や家族に、ありったけの気持ちを伝えた。

僕がリハビリをすると、あっというまに犬が変わる。いったいなぜ？と聞かれるが、答えは簡単――犬はこの瞬間だけを生きているから。過去の失敗にくよくよしたり、先のことを心配しない。後ろを振り返るのも、将来におびえるのもやめたとき、僕は今ここで起きていることを正しく理解できるようになった。

あれから僕の犬たちは二二匹に増えて、立派な群れ《パック》が復活した。ザ・カリスマドッグトレーナーのシリーズも、新企画〈犬の里親さがします〉の撮影を終えたところだ。息子のカルバンは僕といっしょに暮らしていて、テレビ業界でキャリアの第一歩を踏み出した。僕には美しい恋人ヤイーラがいて、僕だけでなく、群れ《パック》全体をとても大切にしてくれる。

僕が人生を方向転換できたのは、二二年におよぶ犬との付き合いで多くのことを学んだおかげだ。犬たちが教えてくれた教訓と知恵がなければ、再出発はできなかっただろう。

パック・リーダーは、つねに学び、進化しながら困難を乗り越えていかなくてはならない。望ましいバランスを取り戻すためなら、自分の群れ《パック》のメンバーはもちろん、ほかの群れ《パック》の力を借りてもいい。それは負けでもなければ、恥ずかしいことでもない。目の前の壁がどんなに高くても、固まらずに前進しよう。

いくつもの壁を乗り越えた経験は、僕の糧《かて》となり、どん底の日々を抜け出す力になってくれた。倒れそうなほど消耗して、これでいいのかと不安がよぎるたびに、トロントのマイクを思い出す。人生最悪の時期に生きる力を取り戻すことができたのも、マイクの存在が心にあったからだ。正しい法則にのっとれば、人間も、そして犬もすばらしいことをやってのける。そのことを教えてくれたマイクに幸あれ！

謝辞

まずは犬を扱う才能を与えてくれた神に感謝したい。そして犬を救出し、リハビリさせて、新しい飼い主を見つける活動に専心してくれるシーザー・ミラン・インク、ドッグ・サイコロジー・センター、シーザーズ・ウェイ、ナショナル ジオグラフィック チャンネル、ナショナル ジオグラフィック ブックスのリーサ・トーマスとヒラリー・ブラック、タラ・キング、ミラン財団をはじめとするチーム・ミランの面々にも。なかでもジョン・バスティアンとボブ・アニエロはこの本が世に出る後押しをしてくれたし、エイミー・ブリッグズは夜や週末をつぶして原稿に手を入れてくれた。

この九年間は実にすばらしい日々だったが、未来にも大いに期待している。〈ザ・

カリスマドッグトレーナー～犬の里親さがします～〉の制作スタッフ、雑誌《シーザーズ・ウェイ》のスティーブ・レグライス、それにウィリアム・モリス・エンデバーのシェリ・ルーカス、エボ・フィッシャー、エリック・ロブナーといった新しいメンバーも活躍してくれた。撮影のために牧場を拡張してくれたポミにも感謝だ。

シーザー・ミラン

シーザーズ・ワールドに僕を連れていざなってくれたステイシー・ミルナーとテッド・ミルナー、それにCMI、雑誌《シーザーズ・ウェイ》、〈ザ・カリスマドッグトレーナー〉シリーズの仲間たちに感謝。チェレイ・アダムズとLAライターズ・センターの励ましと友情にも感謝する。いつもそばにいて、パック・リーダーとはどうあるべきかを教えてくれるシャドウとシーバや、篤い信頼を寄せてくれたボブ・アニエロとデイブ・ロジャーズにもありがとうを伝えたい。そしてもちろん、シーザーにも。彼は長年にわたって多くのことを教えてくれただけでなく、大好きな世界で働くチャンスをくれた。

ジョン・バスティアン

全力で応援してくれた両親のアル・アニエロとジーン・アニエロ、僕に振り回されることがあっても、ありのままの僕を許し、受け入れてくれる家族のダリル、ニック、クリス。いつもそばにいて正しい道を示し、刺激を与えてくれる兄弟のロンとリック。それに不可能はないことを教えてくれたシーザー。みんなありがとう。

ボブ・アニエロ

この企画を実現させてくれたシーザー・ミランと、彼のすばらしいチームに感謝する。なかでもボブとジョン、あなたたちはどう考えても無理な状況のなかで原稿を書いてくれた。一本筋が通っていて、偏見がなく、より良い本にする新しいアイデアをたくさん提案してくれたあなたたちは、まさにドリームチームだった。それから夫のクレンショーと娘のダイアナ。不可能が可能になったのも、二人の支えがあればこそ。灰色の猫、コロネルとネリーはのどを鳴らし、頭を押しつけて私をなぐさめてくれた。そしてホス、ラルフ、マックス、バッド、ルーシー。もったいないぐらいいい子の犬たちと人生をともに過ごせて、私はなんて幸運なんだろう。

エイミー・ブリッグズ

図版クレジット一覧

写真・図解: 1, Gelpi/Shutterstock; 2-3, Michael Reuter; 13, Doug Shultz; 16, National Geographic Channels; 24 , Ji Sook Lee; 32 , Todd Henderson /MPH-Emery/Sumner Joint Venture; 35 , Viorel Sima/Shutterstock; 39 , cynoclub/Shutterstock; 44 , Viorel Sima/Shutterstock; 49 , Michael Reuter; 58 , Sainthorant Daniel/Shutterstock; 60 , Robert Clark/ National Geographic Stock, Wolf and Maltese dog provided by Doug Seus's Wasatch Rocky Mountain Wildlife, Utah; 63 , Kiselev Andrey Valerevich/ Shutterstock; 80 , Burry van den Brink/Shutterstock; 87, Bob Aniello; 91 , National Geographic Channels; 93 , Anke van Wyk/Shutterstock; 98 , Stockbyte/Getty Images; 108 , WilleeCole/Shutterstock; 111 , George Gomez; 115 , PK Photos/iStockphoto; 117, cynoclub/Shutterstock; 118 , Goldution/Shutterstock; 121 , HelleM/Shutterstock; 130 , dageldog/iStockphoto; 134 , Damien Richard/Shutterstock; 150 , dageldog/iStockphoto; 156 , Michael Pettigrew/Shutterstock; 162, Erik Lam/Shutterstock; 171, Superfl ylmages/iStockphoto; 177, Larisa Lofi tskaya/Shutterstock; 181 , Warren Goldswain/Shutterstock; 192, Cheri Lucas; 203, Cheri Lucas; 206, Susan Schmitz/Shutterstock; 215, Cheri Lucas; 217, Eric Isselée/Shutterstock; 224 , Josh Heeren; 227, Rob Waymouth; 236 , Willee Cole/Shutterstock; 240 , Michael Reuter; 246 , Frank Bruynbroek; 253 , Frank Bruynbroek; 257, Frank Bruynbroek; 259 , Erik Lam/Shutterstock; 262 , Angus Alexander; 264 , MPH-Emery/Sumner Joint Venture; 272, George Gomez; 275, Lobke Peers/Shutterstock.

シルエット図: Fernando Jose Vasconcelos Soares/Shutterstock; vanya/Shutterstock; veselin gajin/Shutterstock; ntnt/Shutterstock; ylq/Shutterstock; Boguslaw Mazur/Shutterstock; ananas/Shutterstock; Leremy/Shutterstock; k_sasiwimol/Shutterstock; Alexander A. Sobolev/Shutterstock; DeCe/Shutterstock; nemlaza/Shutterstock; Thumbelina/Shutterstock.

ナショナル ジオグラフィック協会は1888年の設立以来、研究、探検、環境保護など1万4000件を超えるプロジェクトに資金を提供してきました。ナショナル ジオグラフィックパートナーズは、収益の一部をナショナルジオグラフィック協会に還元し、動物や生息地の保護などの活動を支援しています。

日本では日経ナショナル ジオグラフィック社を設立し、1995年に創刊した月刊誌『ナショナル ジオグラフィック日本版』のほか、書籍、ムック、ウェブサイト、SNSなど様々なメディアを通じて、「地球の今」を皆様にお届けしています。

nationalgeographic.jp

ザ・カリスマ ドッグトレーナー
シーザー・ミランの犬と幸せに暮らす方法55

2015年9月24日　第1版1刷
2022年1月21日　8刷

著者　シーザー・ミラン
訳者　藤井留美
編集　尾崎憲和　葛西陽子
デザイン　漆原悠一（tento）
制作　朝日メディアインターナショナル
発行者　滝山晋
発行　日経ナショナル ジオグラフィック社
〒105-8308 東京都港区虎ノ門4-3-12
発売　日経BPマーケティング
印刷・製本　シナノパブリッシングプレス

ISBN978-4-86313-317-4
Printed in Japan

乱丁・落丁本のお取替えは、
こちらまでご連絡ください。
https://nkbp.jp/ngbook